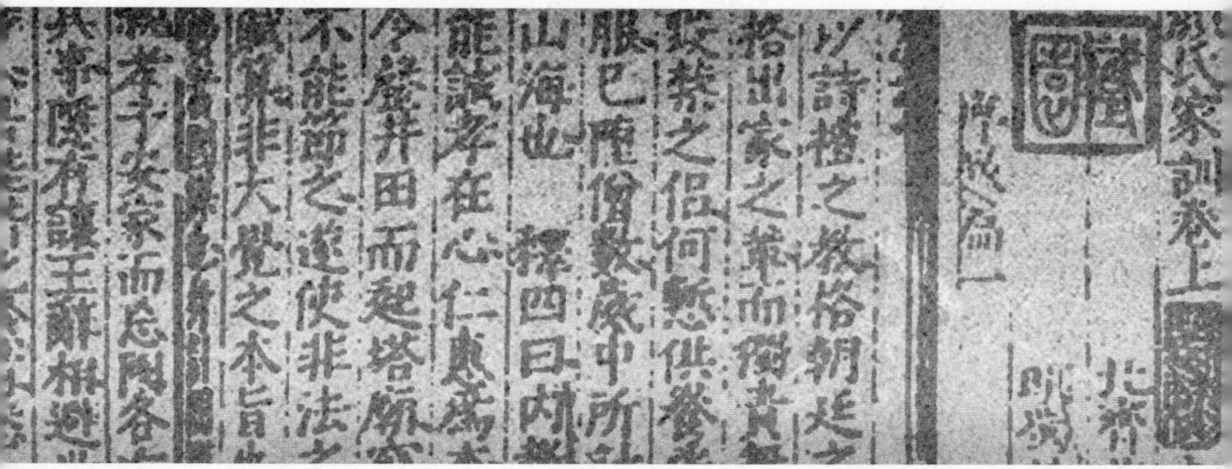

# 唐翼明解读《颜氏家训》

唐翼明◎著

浦睿文化
湖南科学技术出版社

# 目录

# 第一章 颜氏与家训：解码名门望族的家教基因

## 一、望族的形成源于优良的家教传统

我们在社会上很容易观察到一种现象，就是某一个家庭或者某一个家族特别出人才，往往一大家子兄弟姐妹都是社会精英，这是为什么呢?

旧时有一个成语叫“王谢子弟”，用来指那些出身望族而才华出众的青年。为什么要叫“王谢”呢?原来“王”与“谢”指东晋两个大家族，一个是山东琅琊王氏，也就是王导那一家；一个是河南阳夏谢氏，也就是谢安那一家。王导、谢安先后做过东晋的宰相，是中国历史上有名的政治家。

王、谢两家是东晋时代的高门大族，每一家都出了许多人才，不仅政治、军事人才很多，文学艺术上也人才辈出。中国书法家最推崇的“二王”：王羲之、王献之，就出自王家，诗人中享有盛誉的“二谢”：谢灵运、谢朓，就出自谢家。翻翻历史书，出自这两家的名人不胜枚举。如果说魏晋的事例太古旧，那么近现代也有同样的例子。

近现代首屈一指的家族，最令人瞩目、令人羡慕的就是江苏无锡钱家。著名国学家钱穆、钱基博、钱钟书，著名科学家钱学森、钱伟长、钱永健（诺贝尔物理学奖获得者），都是这一家的人。无锡钱氏是唐末吴越王钱镠的后代，钱镠后代现在已经散居全国乃至世界各地，如果把这些姓钱的也算进来，据统计，获得院士称号以上的钱姓人士竟有一百多人。

又如湖南湘乡曾家，即曾国藩家族，自曾国藩、曾国荃兄弟以来，出了很多的政治家和学者，著名的有曾纪泽（著名外交家）、曾纪鸿（著名数学家）、曾广钧（诗人）、曾宝荪（著名教育家)、曾约农（著名教育家）、曾昭抡（著名化学家）、曾宪植（叶剑英之妻）。

再如浙江绍兴的俞家，就是现任中共中央政治局委员俞正声的家族，从晚清俞明震兄弟开始，接连四代人才辈出，其著者如俞大维（国民党高级将领）、俞大纲（著名戏曲家）、俞大絪（著名音乐家）、俞启威（即黄敬，曾任天津市市委书记，俞正声之父），全都名重一时。

再举一个我身边的例子，前不久担任台湾地区行政院院长的刘兆玄是我的小同乡，湖南衡阳人，他们家跟我们家是世交，刘兆玄的父亲刘国运是台湾地区的空军副司令，五个儿子个个都是博士。刘兆玄五兄弟中有三个同时担任台湾地区公立大学的校长，而台湾地区的公立大学比较有名的也就不过十来所。

这些例子让我们不得不思考，为什么会出现一个家庭或者一个家族中这样集中涌现人才的现象呢？

我想，不外乎是两个因素：一是遗传基因，一是家庭教育。遗传基因暂且不论，我们来谈谈家庭教育的问题。

中国古人特别是读书人家，一向注重家庭教育，中国历代都有不少的家训、家书、治家格言之类的东西流传下来，《颜氏家训》就是这些家教著作中最为重要的一部。我们从这些资料当中可以看出古人怎样教子、怎样持家，从而明白，为什么有的家族能够一直保有良好的门风，不断出现优秀的子孙。

世界四大古文明之中，中国文明是唯一传承到现在并且持续为人类发展贡献人才的，这跟中国人重视家庭教育绝对有密不可分的关系。中国人的家教传统起源很早，而被普遍强调并且形成系统则主要是在魏晋时期士族阶级出现以后。士族阶级的出现是中国文明史上一件重大的事，所以在讲家教问题之前，我想谈谈中国士族阶级是如何形成的，在中国文明史上具有什么样的意义，这样，我们就能大致了解中国传统家庭教育的源头力量之所在。

## 二、传统家教的重要源头：士族

中国历史上有两段时期，虽然从政权上来看是分裂、混乱的，但从文化史、精神史、思想史的角度看，却是辉煌、灿烂的时代。这两段时期一个是战国，一个是魏晋。如果把中国古代文明分成几个阶段的话，最早有文字记载的文明是商周文明，接下来是秦汉文明，战国就是从商周文明转型为秦汉文明的关键时期；再接下去是唐宋文明，而魏晋文明则是从秦汉文明转型为唐宋文明的关键时期。

魏晋时期，中国社会最大的变动是产生了一个新的阶级，历史学家一般把它叫做“士族阶级”。士族的出现要追溯到西汉。汉武帝采纳了著名学者董仲舒的意见：“罢黜百家，独尊儒术”，将儒家思想作为整个社会的意识形态，并创办太学，为国家培养文官人才。太学的课程是儒家的“五经”，老师则为“五经博士”。太学发展到东汉末期，规模曾经大到有三万名学生，汉朝的文官都从太学学生中选拔，太学几乎成为仕进的必由之路。久而久之，“五经博士”的门生遍布朝野。他们的家族逐渐成为代代做学问、代代当官，在文化、权力、财富各方面都实力雄厚的大家族。到了汉末，由各种途径发展起来的类似家族逐渐增多，终于形成了士族阶级。

那么，士族到底是什么样子呢？

大家都看过《三国演义》，应该记得袁绍和袁术两兄弟，他们跟曹操、孙权、刘备一样，都是各霸一方、兵强马壮、想争夺天下的野心家，最初的实力比曹、孙、刘还大，这两兄弟所出身的河南阳夏袁氏就是这样一个大家族。《三国志》说他们家“四世三公”，什么是“四世三公”呢？就是说袁绍以上四代，每代都有当“三公”（司空、司徒、太尉）的大官。“三公”是当时文官中的最高一级，大约相当于我们今天的人大委员长、总理、政协主席。祖孙四代中每一代都有人做国家领导人，你看这个家族显赫不显赫？

袁家可以说是大士族的典范。

据《世说新语》记载，魏晋时期的大士族（或称“门阀士族”）至少有百余个，另外还有许多小士族。这样一批士族的出现有什么重要意义呢？

要知道，在士族出现以前，几乎所有的人都是皇权的奴隶，不仅是百姓，官员也是如此。所谓“普天之下，莫非王土；率土之滨，莫非王臣”。但士族阶级诞生之后，情况有了改变。因为一个士族往往是一个庞大的由几百人、上千人甚至几千人组成的集团，除了主人之外，还有大量的依附农民，这个集团里的人分工合作，结成一个自给自足的经济团体。一个这样的士族，只要有一两个人在朝廷为官，支撑门面，其余的人完全可以不靠皇帝而活着，尤其是家族中的上层人士可以过一种很富裕很悠闲的生活。例如东晋的宰相谢安，直到四十岁都不想出去做官，成天和朋友们游山玩水、写诗作赋。后来是因为两个在朝的兄弟，一个带兵打了败仗，一个政治上不成功，危及到谢家的地位，为了家族的利益，谢安这才不得不入朝为官，一直做到宰相。

士族阶级的出现改变了人人都是皇权奴仆的状态，这就刺激了人的个体意识的觉醒，即意识到生命属于自己，自己并非别人（例如皇帝）的工具，自我的生命非常可贵。这是一个极其重要的觉醒，没有这种个体意识的觉醒就没有精神文明的发展，就不可能创造灿烂的文化。近代学者常说魏晋时代是“人的觉醒”的时代，什么是“人的觉醒”？为什么人会“觉醒”？很少有人细说，其实就是我上面讲的这番道理。

士族阶级是当时社会地位最高的阶级，也是文化程度最高的阶级，他们往往以自己优良的门风为傲。

优良的门风是士族阶级的重要标志，是世世代代重视子弟的教育而养成的。士族阶级非常重视对子弟的教育，因为只有这样，才能代代都出优秀的人才，代代都会有人在朝廷做高官，从而保证整个家族长盛不衰，维护他们已有的政治和经济利益。所以，如何把一个庞大的家族管理好，把子弟教育好，就成为士族阶级非常重视的事情。**在这样的背景下，一些有关家庭管理与子弟教育的著作就出现了。《颜氏家训》是其中最早、最系统、最有代表性的一部，被后人称为“百代家训之祖”**。

魏晋南北朝以后，隋唐兴起，人才选拔的途径逐渐被科举制度所代替，这种变化使得大士族的存在失去了社会依据，大士族于是逐渐瓦解，变成许多小士族。

直到中国传统社会被现代社会（“五四”以后）代替之前，遍布中国各地的大小士族一直都是中国社会的骨干，社会各阶层的管理人才基本上都出身于这些士族家庭。像魏晋那样的大士族，后世虽然已经不多见，但中国士族的家训传统却一直保存下来，家训不仅是读书人家庭培养子弟的规范，也是整个社会培养管理人才的重要基础，所以累世相传，成为中国传统文化中重要的一部分。

## 三、《颜氏家训》的由来

为什么说中国传统家训书籍中最早、最系统、最有代表性的一部是《颜氏家训》呢？《颜氏家训》作为“百代家训之祖”的地位是如何确立的？

《颜氏家训》的作者颜之推是南北朝时期的人，他所属的山东琅琊颜氏家族是魏晋时期出现的上百个大门阀士族之一。颜氏家族是孔子最喜欢的弟子颜回的后代，汉末以后逐渐发展成为一个大士族。在曹魏时，颜家就出了几个两千石的大官，东晋时的颜含做到了侍中、国子祭酒，封西平靖侯。颜之推就是颜含的九世孙。这个家族一直很昌盛，直到唐宋。例如唐朝有名的学者颜师古，就是颜之推的孙子。著名书法家颜真卿（平原太守）、在安史之乱中壮烈牺牲的颜杲卿（常山太守，颜真卿的堂兄）也都是颜之推的后代。

颜之推生于公元 531 年，卒年不能确定，大约在公元 595 年左右。他出生在南朝梁代的江陵，二十三岁时北朝的西魏军攻陷江陵，他那时已在梁朝为官，因而被俘，遣送西魏。两年后他举家冒险逃往北齐，想假道北齐返回江南，不料又碰到陈霸先废梁自立，建立了陈朝，于是他只好留在北齐。二十年后北齐为北周所亡，他又入周，四年后隋代周，他又入隋。

所以，颜之推一生经历了南梁、北齐、北周、隋四个朝代，在四个朝代都做过官。其中，以在北齐做官的时间最长（二十年），为黄门侍郎，官位也最清显，所以《颜氏家训》一书他自署“北齐黄门侍郎颜之推撰”。（《颜氏家训》一书，他在北齐做官时就已动笔撰写，但最后成书的年代应在隋文帝时，因为书中有几处提到“天下一统”，而且书中凡“忠”字都以“诚”代替，是为了避隋文帝杨坚的父亲杨忠的讳。）

《颜氏家训》共分七卷二十篇，第一篇《序致》是全书的序言，最后一篇《终制》则是颜之推的遗嘱，中间十八篇，分别为：《教子》《兄弟》《后娶》《治家》《风操》《慕贤》《勉学》《文章》《名实》《涉务》《省事》《止足》《诫兵》《养生》《归心》《书证》《音辞》《杂艺》。

书中所讲内容可以大致分为几大部分：

第一，如何教育子女。

第二，如何处理兄弟、妯娌、继母与子女之间的关系。

第三，如何治理家庭、维持门风。

第四，告诫子孙要努力读书、要务实、要知足、要注意养生，等等。

颜之推关于家庭教育这几方面的思考，今天仍然是我们大家关心的问题。

颜之推为什么要写这本家训呢？他自己在序言中说，对于修身齐家，古代圣贤已经讲得很多，也有很多著作传世，再写这些，会不会像“屋上架屋，床上施床”一样重复啰唆呢？

当然不会。有些道理虽然圣贤都讲过，但经由自己身边的人讲出来，往往更有说服力，用他的话来说，就是：“**夫同言而信，信其所亲；同命而行，行其所服。禁童子之暴谑，则师友之诫，不如傅婢之指挥；止凡人之斗阋，则尧舜之道不如寡妻之诲谕**。”（同样一句话，因为说话者是他们所亲近的人就信服；同样一个吩咐，因为吩咐者是他们所敬服的人就遵行。要禁止儿童的过分顽皮，那么老师、朋友的告诫，就不如侍婢的劝阻命令有效；要制止兄弟之间的争斗，那么尧舜的教导，还不及自家妻子的规劝诱导有效。）这其实也解释了我们现在为什么强调对孩子的教育应以家长为主，因为与孩子相处最多的是家长，孩子最容易接受来自家庭的影响。

颜之推写这本书，是希望能给自己的子孙一些有益的训诫。他尤其感慨，颜氏家族虽然素来“风教整密”，但是他自己因为九岁就遭到家难，父亲过世，没有受到严格的管教，长大后养成一些坏习惯，经过长久的磨练才改掉。他说自己“每

**常心共口敌，性与情竞，夜觉晓非，今悔昨失，自怜无教，以至于斯”**（经常是心里跟嘴巴作对，理智与情感冲突，夜里觉察到白天的不对，今天追悔昨日的失误，自己哀怜没有得到良好的教育，以至于落到这种境地），所以他不希望自己的子孙再蹈覆辙：**“故留此二十篇，以为汝曹后车耳”**（所以，我留下这二十篇文章，用来作为你们的后车之戒）。

《颜氏家训》是一个负责任的家长深思熟虑的产物，包含了中国传统教育的精髓。

## 四、今天重读《颜氏家训》的意义

世易时移，《颜氏家训》对于当今的中国家庭，对于这些吃洋面包、喝洋墨水的家长和孩子而言，还有用吗？

要解答这个疑问，得先看清楚中国目前存在的教育问题。

在过去的一百年中，中国传统文化受到了西方文化的强烈冲击，一些先进的知识分子在救亡图存的压迫感下群起批判自己的传统。右派提倡全盘西化，左派则主张一边倒向苏联，对传统文化的批判矫枉过正。经过一系列对文化的革命，传统文化几乎被彻底摧毁。中国文化中的家教传统也差不多荡然无存。

以前说一个人“没有家教”，或“缺乏家教”，是很重的话，那等于说一个人缺乏基本的教养，甚至缺乏基本的做人道德，而且还隐含着这样的意思，即“你父母也不是好东西，所以没教好你”。这就等于是“辱及先人”了，所以是很严重的批评。但在今天的中国社会，恕我直率地说一句，良好的家庭教育已经是稀缺物品，没有礼貌，没有教养，缺乏公德，即“没有家教”或者“缺乏家教”的孩子到处可见。

我记得小时候读书，一直到高中，在街上碰到老师，大家还会喊“老师好”，鞠躬九十度，这样的学生现在好像已经绝迹了。那时在公共汽车上见到老弱病残，我们一定会让位，现在却常常看到一些年轻人明明身边站着一个老人，他还是大模大样地坐在那里一动不动。一位在大学当教授的朋友告诉我，现在大学上课时，连师生互相问好的礼节都没有，更不要说学生起立向老师致敬了。记得三十年前我在武汉大学读研究生时，这个礼节都还有。

这位朋友还给我讲了一个故事。

她上课的教室有两扇门，如果只开一扇，上下课的时候，所有的学生都从那半边门中挤进挤出，就是没有一个人会去把另外一扇门打开。她后来看不下去了，就自己去打开，想给学生做个榜样。哪知学生一窝蜂地冲了出去，连一声“谢谢”都没有，更没有人让老师先走。等到第二次上课，学生还是从半边门里挤进挤出，没有一个人去仿照她的样子打开另外半扇。于是，她又去开门。这样连续三次，还是没有变化。她很感慨，现在的孩子怎么都被宠成这个样子了？难道他们的父母从小就没有教过这些吗？

相比之下，我亲身经历的故事就令人宽慰一些。

有一年，我在台湾政治大学中文系教一个研究班，每次上课前，有一个男孩总会等在我下车的地方，帮我把包拎到教室，整整一年，从来没有缺过一次。还有一年，也是一个研究班的学生，他自己有汽车，每次下课，他就开车送我到研究室（我任教的台湾政治大学依山而建，我的研究室在山下，而教室在山上）。这一年结束时，他已经不上我的课了，但他还是坚持下课后用汽车送我，直到我退休为止。我不知道大陆现在还有没有这样的学生？

我在台湾教书十八年，见到的台湾孩子比大陆孩子有礼貌、有教养得多。

两岸是一家，同文同种，为什么学生之间的素养会有这么大的差距？问题还是出在教育上，台湾保留了中国传统教育中很好的部分。这一点，很多去过台湾的人都有共鸣。

钱学森晚年曾经向中央指出，中国近几十年没有培养出有独创力的人才。钱老的意思就是指教育没有办好。我同意钱老的观点，中国目前的教育状况确实令人担忧。不仅是没有培养出有独创力的人才，甚至连培养出来的学生有没有足够的道德素养都要打个问号。

这一方面是我们的学校教育出了问题，另一方面则是家庭教育有问题。

在我看来，家庭教育的问题可能更为严重。现在的家长多半是在文革中或文革后成长的一代，自己没有受过良好的家教，因此也不知道怎么教孩子，把对孩子的教育都丢给了学校。而学校又往往过度关注传授书本知识，忽视了教学生如何做人。尤其到了大学以后，学校基本上就只是一个职业训练所，老师、家长、学生考虑的都是毕业后能不能找到一份好工作，能够赚多少钱。这就难怪社会上今天有这么多人缺乏基本的道德素养，公民的整体素质低于许多国家，也远不及台湾地区。

要改善当前的教育，必须从学校和家庭两方面入手，国家要把学校教育办好，老百姓则要把家庭教育搞好，只注重学校教育而忽视家庭教育是不行的。所以，重温古人家训，发扬中华文化的优秀家训传统，建立一套新的家训规范，我以为是非常必要的。

这也就是我们今天重读《颜氏家训》的意义所在。

# 第二章
# 老祖宗怎么教孩子：好父母胜过好老师

《颜氏家训》序言后的第一篇就是《教子》，讲的是教育子女的问题。颜之推在这一篇中提出了几个关于教育子女的重要见解，对我们今天做父母的仍然有参考价值。

## 一、教子要趁早：教育从小开始，越早越好

颜之推在《教子》篇里首先提出了一个教育子女的重要原则，就是教育必须从小开始，越早越好。

我们现在做父母的，常常有一种普遍的误解，以为教育要到孩子懂事以后才开始，至少要等到小孩子上幼儿园的时候，父母才会开始重视孩子的教育问题。而《颜氏家训》告诉我们，教育子女要越早越好。

早教分为几个阶段，第一个阶段就是胎教。

颜之推认为，如果可能，在孩子没有出生以前就应该开始教育。他提到古代"**圣王有胎教之法**"，王妃们"**怀子三月，出居别宫，目不邪视，耳不妄听，音声滋味，以礼节之**"（妃嫔怀孕到三个月时，就要迁居到别的宫室去，眼睛不乱看，耳朵不乱听，音乐、饮食都按照"礼"的要求加以节制）。这里说到的"胎教"问题，即使以今天的科学知识看来，也是有道理的。母亲在怀孕的时候，不仅吃什么东

西对胎儿的成长有影响，喜怒哀乐的情绪也会影响胎儿，尤其会影响到孩子未来的心智与精神。所以怀孕的时候，尽量不服用不必要的药物，少吃辛辣刺激的食物，多听美妙的音乐，多看美丽的风景与图片，不生气，不悲伤，是每一个母亲应有的常识。有科学家做过试验，让奶牛听美好的音乐，牛奶的产量会增加，品质会提高。奶牛尚且如此，人类母亲怀孕的时候保持端正而愉快的心情与情操，对胎儿的心智健康无疑也会产生良好的影响。这样看来，古人所说的“胎教”，并非神乎其词，完全是有科学依据的。

第二个阶段是婴幼儿学前教育。

如果说胎教需要注意，那么孩子出生以后的教育就更应该用心了。不要以为孩子无知无识，不会说话。事实上，从他一出生，一接触到外部世界，就马上开始了认识世界的历程，像海绵吸水一样，他时时刻刻都在吸收、学习。幼儿学习和吸收知识的速度跟成人比起来要快得多，简直可以用“贪婪”两个字来形容。

试想，我们一个成年人，长大一岁，能学到多少新东西？对大多数成年人而言，几乎毫无长进。但是一个婴孩，从零岁到一岁，从一岁到两岁，他能学到多少东西？一个聪慧的小孩，一岁的时候就开始牙牙学语，碰碰磕磕地学走路了，两岁的时候已经可以正常走路，并且讲很多话了，那速度简直是不可思议。尤其是语言学习能力，大人与小孩完全不能相比。

我高中时候学俄文，觉得轻松得很，每堂课教的新单词我不到下课就已经背熟了，还拿过武汉市俄文演讲比赛第一名。可是当我四十岁来到美国，学起英文来，特别是口语，简直觉得如“蜀道之难，难于上青天”。一天到晚带着单词本在身上，连等公车都不忘记背单词，这样花了两三年工夫，才勉强可以听得懂老师讲课。在美国留学的时候，常常看到这样的情形，一家人移民到国外，一年之后，小孩就可以跟外国小孩叽里呱啦地谈得很火热了，而成年的父母却连几句最简单的外文也没学会。

语言如此，其他也一样，教育越早开始越好。颜之推引用孔子的话说：**“少成若天性，习惯如自然。”**这真是至理名言。好的品德一半是天赋，一半就靠少年养成。好的习惯则更是需要在青少年时代加以培养，一旦在这个时期养成了坏习惯，长大后就很难改过来。颜之推接着还引用了当时的一句俗语“**教妇初来，教儿婴孩**。”就是说，教老婆要从嫁过来的时候就开始，教孩子要从婴儿时代就开始。为什么教老婆要从嫁过来的时候就开始呢？因为在传统社会，老婆刚嫁过来的时候，年纪还轻，十五六岁，又没有依靠，在家里完全没有地位，要在夫家站稳脚跟，就必须虚心接受丈夫和婆婆的指点才行，所以这个时候教育最起作用，最容易被接受。

为什么教孩子要从婴儿时代就开始呢？这是因为，孩子刚生下来，离开父母不能生存，一切都是一张白纸，这个时候教他什么就是什么，也最起作用，最容易被接受。“教儿婴孩”，“少成若天性，习惯如自然”，这十四个字，我觉得所有父母都应当视为座右铭。

## 二、教子要从严：溺爱是孩子一生的隐患，不能只爱不教

颜之推在这一篇中提出了教育子女的第二个重要原则，就是教子要从严，不能只爱不教。颜之推说：**“吾见世间，无教而有爱，每不能然。”**（我看到世上有些父母，对子女不加以教诲，而只是一味宠爱，总觉得不能同意。）又说：**“父母威严而有慈，则子女畏慎而生孝矣。”**（做父母的既威严又慈爱，那么子女就会敬畏谨慎，并由此产生孝心了。）就是说，他很不同意一般人对子女只爱不教，只有父母威严，又有慈爱，子女才会畏惧谨慎，对父母产生孝顺之心。

父母对子女慈爱，是一种天性，甚至可以说是连动物都具有的本能，因为这是任何一个物种要延续自身的生命都必须具有的品性。一只母狗生了一群小狗，当陌生人走近，它便会龇牙咧嘴地发出恐吓的叫声，生怕自己的子女受到伤害。愚夫愚妇，没有受过任何教育，也知道疼爱自己的子女，正所谓“水往下流”，“虎毒不食子”。

但对子女要严加管教，却不是每个父母都懂得的，因为这需要更高的理性，更长远的目光。以前的中学语文课本上有一篇文章叫《触詟说赵太后》（选自《战

国策》）。说战国时代赵国被秦国急攻，赵国向齐国搬救兵，而齐国要赵太后的小儿子长安君做人质，赵太后舍不得儿子远离，怕儿子吃苦，不肯答应。所有大臣的劝谏都不管用，最后是一个名叫触詟的大臣说动了赵太后。他说，对子女的爱，要看得深远（“为之计深远”），现在让长安君做人质，为赵国做出贡献，在赵国打下深厚的基础，将来才能永保富贵。这样为长安君的长远利益考虑，而不是只看到眼前一点小损失，才是真爱。结果赵太后接受了触詟的意见，让长安君去齐国做了人质，借来了齐国的兵，救了赵国。

孩子要经历磨练才能成才，但有些父母往往不懂得这个道理，总是怕孩子受了委屈，不忍心看孩子受眼前之苦，该骂不骂，该打不打。颜之推说，这是**“重于诃怒伤其颜色，不忍楚挞惨其肌肤”**（不愿意严厉地呵责怒骂，怕伤了子女的脸面；不忍心用荆条抽打，怕子女皮肉受苦）。

我们不提倡体罚孩子，但一些父母溺爱自己的子女，失去了起码的是非准则，**“饮食运为，恣其所欲，宜诫翻奖，应诃反笑。”**（他们对子女的饮食起居、言行举止，任其为所欲为，本该训诫的，反而加以奖励；本该呵责的，反而一笑了之。）就是说，孩子想吃什么就喂什么，想要什么就给什么，应该批评的反而奖励，应该责骂的却一笑而过。

这样的结果，只能是让孩子不懂得是非，以为应当这样，等到长大了，习惯养成，再来管教已经不起作用了。这个时候父母的责骂反而会引起子女的反感，造成父子之间的怨恨，养出一些逆子、败家子来，**“至有识知，谓法当尔。骄慢已习，方复制之，捶挞至死而无威，忿怒日隆而增怨，逮于成长，终为败德。”**（等到孩子懂事以后，还以为本来就该如此。子女骄横轻慢的习性已经养成了，这时才去管教、制止，即使将他们鞭抽棍打至死，也难以树立父母的威信。父母的火气一天天增加，子女对父母的怨恨也越来越深。这样的子女长大成人以后，必然是一个没有道德的人。）

因为父母溺爱导致孩子成长出现问题的情况，自古以来就存在，而在我们今天的社会表现得更加严重。

为什么会出现这种情况？我想这里有两个原因，一是因为中国人对自身传统的质疑和放弃，二是现今特殊的家庭结构导致。

先说第一点：家庭教育的全盘西化，西方式的“爱的教育”的歪曲实践。

五四运动以来，中国自身的传统文化受到强烈的质疑和猛烈的批判，西方的观念一股脑地涌进中国，一切都被认为比中国好，比中国优秀，比中国先进。以对子女的教育而言，中国人（尤其是士族）从前对子女的严格管教，包括适当的打骂，都被认为是封建的、野蛮的、落后的。而西方人对儿童的态度被片面地总结为“爱的教育”，逐渐成为一时的风尚。很多人误以为，对子女只要一味地爱就行了，忽视了严格管教的一面，甚至认为严格管教根本就是错误的。

其实这种理解相当片面，包含了很多误解。一方面，它没有看到，中国传统教育强调“严格”，其实是为子女的长远利益考虑，是一种更深的爱的表现。另一方面，这种理解过分强调西方人对儿童的正面鼓励，而没有看到西方人其实也有他们自己严格的一面。比方说，在公众场合，例如飞机上、火车上，西方的孩子一般都很安静，很少高声喧哗或者打打闹闹，因为他们从很小的时候开始，只要发生这种情形，就会被父母严厉禁止。再比如，西方的小孩不论家庭多么富有，在十五六岁的时候，父母就会教育他们，零用钱要自己去赚，可以送报纸、给邻家除草；等到上大学、读研究所，都要自己打工来赚学费——这些我们中国父母能做到吗？

再说第二个问题：中国式的家庭结构的不利影响。

中国实行生育一胎化以来，一对父母只有一个儿女，一个孩子六个人（父亲、母亲、爷爷、奶奶、外公、外婆）疼，自然宝贝得不得了，捧在手里怕摔了，含在嘴里怕化了，要什么给什么，生怕孩子不高兴不满足。上了大学，还要父母亲自送到学校，放好行李，铺好床铺，甚至还要在学校附近租房陪读。

不久前，看到报载一条消息，说一对住在香港的父母，居然舍得让十六岁的孩子到武汉来求学。这样一件小事，就大登特登，好像父母、孩子都很了不起。我看了以后只有苦笑，这种故事在报上宣扬，正好反衬出我们这个时代大多数父母过分呵护自己的子女，而大多数青年又缺乏独立生活的能力。

我自己七岁时远离父母，十二岁考上初中，学校离家一百一十里路，学校在什么地方，门朝哪里开都不知道，不要说没有汽车可坐，连一个带路的人都没有。开学的那天，只有起个大早，背上包袱，跟着一个做生意的小贩，一路小跑，鼻孔流血，双腿肿胀，但最后还是走到了学校。这是我人生重要的一课，我由此懂得，人生的路是必须自己去走的，只要有勇气，有毅力，不怕吃苦，也总是走得出来的。（编者注：可参见唐翼明散文集《宁作我》中“上学的路”一文。）

今天的孩子为什么就变得如此娇嫩了呢？一个个都像温室里培养出来的花朵，动辄就“受伤”“抑郁”，甚至走极端，面对压力是“草莓族”，独立生活是“月光族”。很容易摔倒，却不容易爬起来。人生的路波谲云诡，现实残酷，竞争激烈，我们的父母如果真爱子女，为什么不为他们的长远利益多考虑一些呢？你呵护得再周到，能管他一生一世？你的儿女终归是要自己面对生活、面对世界的，为什么就是这样浅而易见的道理，许多人却不明白！

我觉得，今天很有必要提倡严格管教子女，恢复我们祖先的好传统，尤其是对那些所谓“官二代”“富二代”而言。从前有句俗话：“棍棒底下出孝子。”这话现在已经没有什么人赞成了，我却觉得大体上并没有说错，只是我们不一定要动用棍棒，精神和原则仍然是对的。

颜之推在《教子》篇中举了一严一宠两个例子。一个是梁朝的名将王僧辩，母亲管教甚严，他已经做了将军，年过四十，做错了事，母亲还会拿棍子打他，结果他成就了一番大功业。另外一个例子是梁朝的一个学士，很聪明，有点小才华，父母逢人便夸奖，犯了错误却替他掩盖，结果让他从小养成了骄傲自大的习惯。后来他做武将周逖的幕僚时，因为言语顶撞，被周逖杀了，连肠子都抽出来，以血涂鼓。所以父母对儿女太过宠爱，反而会害了他们。而严加管教才是真正长远的爱。

《礼记·学记》说：“玉不琢，不成器；人不学，不知义。”《三字经》说：“养不教，父之过。教不严，师之惰。”俗话说：“养女不教如养猪，养子不教如养驴。”这些话都很对。养而不教，教而不严，无论对自己、对子女，都是罪过，值得所有为人父母者警惕。

我自己七十年的人生经验告诉我，严格管教的子女，很少有成为败家子、不孝子的，而过分宠爱的子女，则不少成了丧家败业之子，甚至变成不孝子，虐待、杀害父母的逆子都有。我在台湾就看到一则消息，说一个小康之家的儿子，十八岁，父母就给他买了价值百万台币的轿车。后来他挥霍无度，不断向父母索取，父母实在给不起了，拒绝再给，这个青年竟然用乱刀把父母都砍死了。面对这样残酷的事件，我们应当懂得一个道理，那就是："慈"是天性，是不需要教的，而"孝"却不是天性，是需要教的。所以我们看传统的"十三经"，有一部《孝经》，却没有《慈经》，就是这个道理。康有为在《大同书》里也说过："人之情，于慈为顺德，于孝为逆德。""顺德"是顺天性而得到的，是无需教的；"逆德"则是逆天性才有的，所以必须教。如果我们不想自己的子女将来变成不孝子、逆子，就要从小严加管教，否则将来后悔莫及。

在严格管教方面，做母亲的特别要注意。因为孩子是"自己身上的肉"，所以天下的母亲几乎没有不疼爱自己的子女的。这种母爱如果缺乏理性的平衡，很容易流为没有原则的溺爱。做父亲比母亲多少隔了一层，加上父亲一般理性较强，社会经验丰富，怕孩子不成器，将来在社会上缺乏竞争力，所以往往对孩子要求比较严格。平时我们说"严父慈母"，称自己的父亲叫"家严"，称自己的母亲叫"家慈"，就是这样来的。

我的主张倒相反，做父亲的不妨慈爱一点，做母亲的却要严格才好。我主张"父慈母严"。为什么要"父慈母严"呢？因为母亲容易太"慈"，父亲容易太"严"，太"慈"则容易娇惯孩子，太"严"则容易造成父子间的沟通困难。母亲严一点，孩子一般不会因此疏远母亲，父亲太严了，孩子很容易疏远父亲，甚至憎恨父亲。我们如果细心观察前人的故事，就会发现"父慈母严"的道理。

中国古代许多著名人物的母教都非常严格。宋朝抗金名将岳飞的母亲，在儿子的背上刻了"精忠报国"四个大字。大文学家欧阳修父亲早逝，家贫，母亲用芦苇在沙上画字，教他读书，终于把他培养成为大有学问的人。近代的胡适也是父亲早亡，母亲对他从小就严格要求，做了错事罚跪床前，一跪就是几个钟头，胡适后来成为中国新文化运动的领袖，中国近代思想最先进学问最通达之人，这跟早年严格的母教显然是分不开的。

所以，虽然《颜氏家训》从立意上说是写给做父亲的人看的，在当下这个时代，做母亲的也极有必要一读。

## 三、亲子相处之道：保持适当距离，不可过分亲密

颜之推在《教子》篇中提到，父母跟儿女之间，一方面要亲爱周到，另一方面又要保持适当的距离，不可以过于亲密。他说：**“父子之严，不可以狎；骨肉之爱，不可以简。简则慈孝不接，狎则怠慢生焉。”**（父亲对孩子要有威严，不能过分亲密；骨肉之间要相亲相爱，不能简慢。如果流于简慢，就无法做到父慈子孝；如果过分亲密，就会产生放肆不敬的行为。）

“狎”是亲昵，亲爱得没有分寸，没有规矩；“简”是怠慢，不周到，不细致。

中国传统认为，父子之间首先是一种尊卑的关系，这种关系永远不可能颠倒，连君臣关系也是仿照父子关系建立的，所以叫“君父”“臣子”。这个尊卑必须严格遵守，否则整个社会都会乱套。所以父子之间再亲密，也不可以没有分寸、没有规矩。西方人父子之间直呼其名，勾肩搭背，在中国人看来是很奇怪的。

咱们老祖宗的这种看法对不对呢？我看基本上没有错。西方人其实也并不是不讲尊卑上下，将军和士兵、董事长和员工、总统和平民，人格是平等的，但尊卑上下仍然是明确而清楚的，不然整个社会的运作都没有办法正常进行。东西方只是在具体的做法上、细节上有些差别而已。中国人从前对尊卑上下之间的人格平等缺乏足够的认识（也不能说完全没有认识，孔夫子讲“仁”，讲“己所不欲，勿施于人”，就是指这种人格上的平等），这一点是应该检讨的，但不能因为追求人格平等而忽视尊卑。

一群人生活在一起，如果不分尊卑上下，就没有秩序，没有礼貌，也就谈不上和谐。父母跟孩子之间要有一定的距离，不可以过分亲密，才能使孩子不仅爱父母，也尊敬父母，甚至有一点畏惧，这样，教育也才能实施。《论语》中说孔子“远其子”（见《论语·季氏》），古人还提倡“易子而教”，就是这个道理。

其实西方人在这个问题上也自有其讲究。比方说，孩子很小的时候，父母就让他单独睡一个房间，这不仅是为了培养孩子的独立性，也有保持一定距离的意思在里面。中国人从前因为贫穷，父母子女常常不得不睡在同一个房里，甚至同一张床上，这显然是不好的，道理不必多讲，成年人都明白。在这一点上，我们还比不上西方人那么讲究。但是保持一定距离，只是为了更好地实施教育，并不是说对儿女不要慈爱，或儿女对父母不要孝顺，而是说慈爱与孝顺都要在承认尊卑上下的基础上进行，只要不破坏这个基础，慈爱与孝顺则愈周到愈好。

颜之推既提醒做父母的要跟儿女保持一定的距离，又强调父母子女之间慈孝要周到，这是很全面的看法。现在的父母常常在这个问题上处理得不好，要么就是跟子女太亲密，不注意尊卑，缺了应有的距离与礼节；要么就是漫不经心，关心不够。父母子女之间的种种矛盾与不和就是这样产生的。

## 四、多子多孙时：平等对待，不可偏爱

颜之推在《教子》篇中特别提醒，做父母的对子女不可以偏爱，要平等对待。他说：

**“人之爱子，罕亦能均；自古及今，此弊多矣。贤俊者自可赏爱，顽鲁者亦当矜怜，有偏宠者，虽欲以厚之，更所以祸之。”**（家长对孩子的疼爱，很少有能做到平均的，从古至今都是这样，这其中有很大的弊端。天资好的孩子自然有值得喜爱的地方，天资差一点的也要关心爱护。偏爱某个孩子，看似是为了对他好一些，其实会害了他。）

“父母偏心”这个问题在古代的大家族中比较突出，但今天多数家庭只有一个子女，这个问题就几乎不存在了。但是农村中有两个或两个以上子女的家庭仍然不少，再婚的家庭也常常有两个子女，甚至是两个没有血缘关系的子女，所以颜之推所讲的这一点还是值得我们参考的。

父母如果在两个或两个以上的子女中偏爱一个，并且把这种偏爱明显地表现

在言谈行为甚至物质分配上，就会造成子女之间的不和睦，甚至造成仇恨，引发严重的后果。《教子》篇中就举了好几个这样的例子。

在这里，需要提醒一下那些承担着很多家庭教育责任的爷爷奶奶、外公外婆们。

现在有相当多数的家长由于工作繁忙，对子女家庭教育的一部分权限就交给了自己的父母。而他们的父母面对的可能是两个或两个以上的孙子、孙女。做爷爷奶奶的，往往会偏爱男孩子，对男孩子宠溺多一点，甚至予取予求。这种做法极不可取，无论是受宠过度还是被冷落，都会给孩子带来很大的心理问题，影响到他们的成长。

所以，颜之推讲到的这一点对于隔代教育者们来说尤其重要。

至少，要让孩子从小就懂得，公平是一种美德。

## 五、关注子女的人格养成：家长的自我修养很重要

颜之推在《教子》篇中的最后一段讲了一个故事，说北齐有一个士大夫，曾经对颜之推讲，他有一个儿子，十六岁了，略通文墨，他就让儿子学鲜卑语，弹琵琶，用来服侍当时的达官贵人。因为北齐是鲜卑人的政权，琵琶是鲜卑皇族和贵族喜欢的乐器，所以讲鲜卑话、弹琵琶，能得到达官贵人的赏爱，也因而就有当官发财的机会。

讲完这个故事后，颜之推很感慨，说：**“异哉，此人之教子也！若由此业，自致卿相，亦不愿汝曹为之。”**

用今天的话来说就是：这个人教育子女的方法真奇怪啊，如果用这种歪门邪道，就是让子女当到部长、总理，我也不愿意让你们走这条路。在颜之推的时代，中国北方的政权都是胡人建立的，他自己也在北齐做官二十来年，所以他的话不能不说得很含蓄，但他的感慨是深沉的。稍加分析，就知道这感叹里包含了三层意思：

第一，对本民族文化，也就是汉文化的热爱。

第二，对趋炎附势、不择手段谋求利益的人的鄙视。

第三，提出了教育子女的一个最核心的原则问题，即：怎么教子女？教子女什么？

天下父母个个望子成龙，望女成凤，都希望子孙发达，但是怎样才能使子成龙，使女成凤，使子孙发达呢？这就大有讲究了。一些目光短浅的父母只看到眼前的利益，一时的权势，总想走捷径，甚至不择手段通过歪门邪道来达到目的，而不知道教育子女的根本原则是要让他们走正道，让他们做堂堂正正的人。

用古人的话来讲，就是“教子要有义方”（朱伯庐《治家格言》），《三字经》中也提到过：“窦燕山，有义方。教五子，名俱扬。”

什么是“义方”？怎样才叫“有义方”？

简单地说，就是以“圣贤之道”来教育子孙，用我们今天的话来讲，就是要教给子女正确的世界观与人生观。但是什么才是正确的世界观与人生观？这就取决于父母自身的思想境界了。这样，就归结到了一个最根本性的问题上：**教育子女的前提和根本乃是教育自己，提高自己**。自己境界不高，却要教出优秀的子女来，恐怕很难。

当然，世界上也有很多并不优秀的父母却生出了优秀的子女。台湾地区有句俗话，“歹竹出好笋”，说的就是这个意思。但那不是“歹竹”的功劳，而是子女自己争气，从社会、从书本中学到了正道。这样的父母是不能贪天之功以为已有、贪社会之功以为已有的。

其实，父母对子女的教育更多的是靠身教，而非言教。自己思想境界高，堂堂正正，事业有成就，对社会有贡献，就是子女的最好榜样。《世说新语·德行篇》有一个故事说，谢安的太太教训儿子，却看到丈夫很少教儿子，就问他，怎么从没有看到你教儿子？谢安回答说，我怎么没有教？“我常自教儿”。谢安的话是什么意思呢？就是说，我的一言一行，儿子耳闻目见，都是在教育他。

这就是常言所说的“身教重于言教”。

如果做父母的自己不走正道，却要儿女走正道，自己天天打麻将，甚至沉溺于赌博，却要子女不打麻将，不沉溺网络，这如何办得到呢？不难想象，那个教儿子说鲜卑语、弹琵琶的北齐士人，他自己就是一个趋炎附势而不懂大义的小人。

在我看来，父母教子女，最最根本的一条，就是要注意子女人格的养成。现在的父母，往往只注意孩子的书念得好不好，成绩怎么样，将来能不能赚很多钱，过一种富裕的生活。这个重不重要呢？当然重要。但是如果把这看成是第一等重要的，那就错了。还有一条更为重要的，那就是要教育子女养成健康高尚的人格，做一个光明正大的君子，不做卑鄙龌龊的小人。

“君子”和“小人”之别，是人和人之间最本质的区别，其余贫与富、贱（地位低）与贵（地位高）、知识的多少、职业的不同、政治立场的差异、宗教信仰的区别等等，其实都是比较次要的问题。而且这些方面主要取决于子女成人后的自我选择，父母的影响其实是有限的。

做一个君子还是做一个小人，或者说，做一个好人还是做一个坏人，对于子女的一生至关重要，而在这一点上，父母的言传身教也最能产生重要的作用。

第三章

# 怎样管理家庭：好家庭胜过好学校

我在第一章中已经说过，魏晋时期中国社会出现了一个新的阶级：士族阶级，也介绍了士族的基本情况。很容易看出，士族是一个巨无霸式的“家庭”，怎么管好这个“家”，做好家长，维系家族的发展存续，对当时的士族阶级而言，就是一个极为重要的问题。

《颜氏家训》的《治家》篇就是颜之推在这个问题上的一些看法和他留给子孙的告诫。今天中国社会的家庭结构跟魏晋时期的家族当然已经有了很大的不同，所以颜氏的一些个人体验不能与现在的家庭情况完全匹配。但不论是管理大家族还是管理小家庭，道理都是相通的。

从家庭管理的角度来说，颜之推提出的某些原则性观点仍然可以给现代中国人提供一些必要的参考。我从《治家》篇当中择出几个在今天仍有意义的问题来谈谈，希望对有志于做一个出色的“家庭 CEO”的人有所启发。

## 一、家庭管理的总方针：伦理当先，家风要正

《治家》篇第一段说：**“夫风化者，自上而行于下者也，自先而施于后者也。是以父不慈则子不孝，兄不友则弟不恭，夫不义则妇不顺矣。父慈而子逆，兄友而弟傲，夫义而妇陵，则天之凶民，乃刑戮之所摄，非训导之所移也。”**（所谓教育感化，是从上面推行到下面，由前人延续到后人的。因此，如果父亲不慈爱，

儿子就不会孝顺；兄长不友爱，弟弟就不会恭敬；丈夫违背道义，妻子就不会顺从。如果父亲慈爱而儿子忤逆，兄长友爱而弟弟倨傲，丈夫不背道义而妻子刁横，这样的人是天生的恶人，只有用刑罚杀戮来使他们畏惧，而不是训诫引导所能改变得了的。）

颜之推在这里首先提到，家庭的管理教育就是要在家庭里形成“风化”。“风”就是风气、家风、门风，是一个家庭长期以来所形成的一个传统；“化”就是教化、教育。“风”与“化”都含有“上”对“下”的影响与教育的意思。

古人说：“草上之风，必偃。”也就是说，风吹过草上，草就会顺着风的方向倒下来。家庭教育也是这样，要由长辈的言行带动影响晚辈。所以，在治理家庭的问题上，长辈是关键，长辈要给晚辈做出榜样。

要儿女孝顺，首先父母对子女要慈爱，父母对子女不慈爱，没有尽到自己的教养责任，就没有理由责备子女不孝顺父母；哥哥对弟弟要友善亲爱，不友善亲爱，就没有理由责备弟弟对哥哥不恭敬；丈夫对妻子要遵守道义，违背了道义，就没有理由责备妻子不顺从自己。反之，父母慈爱，子女就要孝顺，兄长友爱，弟弟就要恭敬，丈夫遵循道义，妻子就要顺从丈夫。当然，如果父母慈爱而子女忤逆，哥哥友爱而弟弟倨傲，丈夫不背道义而老婆刁横，这样的人，就是天生的恶人，对他们就不是教育可以解决的问题，而要靠法律来制裁了。

颜之推在这里强调一个家庭要养成一种良好的风气，而这种风气的形成，长辈起着主导性的作用。

要建成一个和谐的社会，根本在于建立和谐的家庭，每个家庭和谐了，整个社会自然就和谐了。怎样才算是一个和谐的家庭呢？颜之推提出的标准是“父慈子孝”“兄友弟恭”“夫义妇顺”，这个标准今天还适用吗？我看还适用，而且放之四海而皆准，世界上凡重视家庭的民族大抵都是如此。

因为家庭成员之间的关系无非就是父子、兄弟、夫妇这三种，理想的父子关系今天也还是“父慈子孝”，理想的兄弟关系今天也还是“兄友弟恭”。只有夫妻关系今天略有变化，古代“男尊女卑”的观念已经不适用于今天，所以不能片面强调妻子顺从丈夫，而是要互相包容，互相爱护。但即使如此，在夫妻关系中，丈夫的一面多少还是起着主导作用，丈夫用道义的标准来要求自己，妻子多照顾一点丈夫的尊严，多顺从一点丈夫的意见，还是有助于建设良好的夫妻关系。

现在女权主义的主流提倡男女平等，要求给予妇女与男人同样的权利与尊严，这是对的，我也很赞成。但某些激进的女权主义隐含着男女对立的主张，把男女平等强调到一种不适当的程度，忽视男女天生的差异，例如体力、性格、情感以及思维方式的差异，甚至试图造成一种“女强男弱”的局面，这是不恰当的，是我所不赞成的。如果照着这种激进的女权主义去做，夫妻关系必定处理不好，家庭和谐也没有希望。

现在，我们重读《颜氏家训》，有两点需要特别强调，一是父母的品行要端正，二是夫妻关系要和睦。

为什么要强调父母的品行？“上梁不正下梁歪”的道理显而易见，父母的言行举止、为人处事，都在潜移默化影响着孩子。学校里的老师教给孩子的更多是文化知识，而父母在教孩子怎么做人上担有重要责任。父母人格不健全，如何能教出人格健全的孩子？

为什么要强调夫妻关系？这一点做家长的人都很明白。夫妻关系不好的家庭，孩子的成长就会出问题。我们如果留心身边的青少年，所谓“问题儿童”大都出在“问题家庭”。父母经常争吵甚至离异的家庭，孩子往往没有安全感，也缺乏是非准则，很容易在面对歧途时做出错误选择。

对于成长中的孩子来说，家长是他们接触的第一批“社会人”，家庭是他们遇到的第一个“社会单位”，只有在这人生的第一次接触中受到良好的影响，他们才能更好地理解社会和适应社会。

从这个意义上讲，家风是孩子一生人格的基石，家风过硬，孩子的人格才会坚实。

## 二、做好家庭财务这本账：教孩子处理好“钱”和“人”的关系

在《治家》篇中，颜之推提出的第二个问题就是：一个家庭在财物金钱的使用上要适度，不可奢侈也不可吝啬，不可过于宽松，也不可失之严苛。

前面我说过，魏晋南北朝时候的士族基本上是一种自给自足的经济体，这种家庭只要调度得当，不懒惰不浪费，基本上都可以做到丰衣足食。颜之推有一段话，将这种家庭自给自足的经济状况描绘得非常经典，他说：**“生民之本，要当稼穑而食，桑麻以衣。蔬果之畜，园场之所产；鸡豚之善，埘圈之所生。爰及栋宇器械，樵苏脂烛，莫非种殖之物也。至能守其业者，闭门而为生之具以足，但家无盐井耳。今北土风俗，率能躬俭节用，以赡衣食；江南奢侈，多不逮焉。”**（百姓生存的根本，关键在于种植谷物以解决吃的问题，种桑纺麻以解决穿的问题。蔬菜水果的蓄积，依赖于果园菜圃的生产；鸡肉、猪肉等佳肴美味，来源于鸡窝猪圈中的饲养。以至房屋器具、柴草脂烛，没有一样不是种植生产出来的物品。凡能守住家业的人，无需出门，维持生计的各种必需品也已齐备，只不过家中没有盐井罢了。如今北方的风俗，大多能做到力行俭省，以保障衣食之需；江南地区的风俗则奢侈浪费，在节俭持家方面大多不及北方。）

那时北方简朴而江南奢侈，现在全中国都物质极大丰富，货币量和生活物资都很充足，人们不缺钱，更不会买不到东西。所以，相比于物质较为匮乏的古代，颜之推提出的如何管理钱财的问题，反而对当下更有参考意义。

不恰当的管理钱财，会有什么麻烦呢？颜之推举了几个例子，阐述如果治家失度，管理不善，僮仆懒惰，家人浪费，就会带来一系列恶果：有的治家过于严苛，结果被妻妾买来的刺客杀死，或者死后兄弟争财而互相残杀；有的是对僮仆、妻子过于宽松，使得他们敢于克扣施予，中饱私囊，而得罪宾客、乡党。

当今社会的家庭状况跟魏晋南北朝当然已经大不相同，现在大多是核心小家庭，大家族、几世同堂已不多见了，一般家庭更没有僮仆的问题。但颜之推所提到的事件，在当今换个面目仍会出现，为了钱财夫妻反目、兄弟阋墙的事件层出不穷；保姆与雇主之间的纠纷也常见诸于家长里短和报章。

所以，颜之推对家庭经济管理所提出的原则仍然有参考价值，比如说，他所提出的“施而不奢，俭而不吝”的原则，即使在今天仍然是我们持家待客应当遵循的尺度。结合《颜氏家训》中的论断，这个尺度的基础就是要做好四点：

第一，要勤俭持家。

第二，要适度消费。

第三，金钱观要正确，注重回报社会。

第四，不做守财奴，处理好钱与人的关系。

第一点没有太多话好讲，勤俭持家，是中国人经常说也经常琢磨的道理。“勤”和“俭”相辅相成，“勤”是努力工作，为自己的生活换来必要的经济基础；“俭”是控制预算，不要虚荣铺张、超前消费，更不能浪费无度，把钱花在无用的地方。

第二点对传统的中国人来说，就有点不太好理解。中国人讲勤俭节约，这没有错，今天也还适用，但是如果强调得过分，就会产生很多弊端，尤其在今天这种社交频繁、重视消费的社会里，会更显得不合时宜。

颜之推不提倡一味的节俭。他在书中讲了个有趣的故事：南阳有个富翁，很吝啬，女婿上门时设宴招待，只是一小杯酒几小块肉，那女婿气不过，一口气把酒肉都消灭掉了。富翁很惊诧，再上了一点小菜，又被女婿吃光。事后富翁骂女儿说，你丈夫这么能吃能喝，怪不得你家里穷。这个喜剧的结尾是个悲剧，富翁死后，儿子们为了分财产闹出了人命。

在家庭经济许可的基础上，该消费的就要消费。俭省过度，在今天看来并非美德，它不仅有碍社会财富的流通，也有损我们自己的生活品质。持家、理财当然以节约不浪费为原则，但不可把钱财看得太重，捏得太死。要做到“俭而不吝”，即在经济条件许可的范围之内，该花的就要花，不要仅仅为了省钱而不顾日常生活质量，否则就是“吝啬”，而不是“节俭”。古人说：“钱者，泉也。”今人把钱叫做“通货”“动产”，如果钱一味地积蓄而不保持流通，也就失去了它的意义，社会的经济也就发展不起来了。

第三点，什么是正确的金钱观？就是不可把钱财看得太重，尤其是在必要的时候帮助朋友、接济亲人、捐赠弱势人群，都不可舍不得，否则就会因为吝啬而显得没有同情心，也无助于社会的和谐。尤其是经济状况比较好的家庭，更应该慷慨一些，这也是一种对社会的回馈。

财富无论以何种途径取得（当然是正当合法的途径，非法的这里不讨论），总是这个社会所给予的，那么自然应当以某种方式回馈给这个社会，而不应永远据为已有，或只留给自己的子孙。世界首富比尔·盖茨决定只留少数的钱财给自己的孩子，而把绝大部分财产用来建立基金会、做社会慈善事业，我觉得这种做法值得我们大家仿效。成立慈善基金之类的大事或许一时做不了，但“援之以手”的小事是可以做一做的。家长的金钱观正确了，孩子也会自然而然地有了社会责任感，就不会把金钱看得太重。心态端正了，反而会比较容易挣到钱。我们经常在媒体上看到的世界各地的大企业家，都是精明的商人，却不是财迷。

第四点，《颜氏家训》告诉我们的是，要做金钱的主人，不要做金钱的奴隶。主人和奴隶的区别很明显，就看谁驾驭谁。

被金钱奴役而作践自己或者铤而走险的人，我们都见过。大的道理暂且不谈，仅以“借钱”这个小问题为例，就可以看出面对金钱的心态。或许你也遇到过这样的朋友，他来吐苦水，事关他与别人的金钱往来，可能他是债主，为如何催债而寝食难安；可能他是负债者，为债主的一点眼风脸色而五内俱焚。无论怎么看，都让你觉得他们的生活被那笔钱给带歪了。试想，这种状态被其他家庭成员看在眼里会怎样？

颜之推以北齐的吏部侍郎房文烈为例，告诫世人要淡看财产。房文烈把房子借给别人住，许是遇到了难处，那人的奴婢把房子上的木料都拆下来当柴烧掉。整个房子快烧完了，房文烈也只是皱皱眉，不着一词。

以我个人为例，在钱财的处理问题上，我自己有一个原则，就是“借不望还，施不望报”，只要钱出了我的手，我就不指望它再回来。所以，如果有人向我借钱，而钱的数目太大，不是我所能损失的，我就宁可不借；但一经拿出，我就不再去想它了，绝不指望回报。明明损失不起，却又心不甘情不愿地借出去，借出去之后还念念不忘，还钱慢了就心生怨恨，在我看来，这是既折磨别人又折磨自己的极不明智的事情。尤其是送礼或资助，心心念念想着别人回报，而且最好是回报超出自己送出的，那跟做生意、买股票有什么区别？

有句俗语说：助人为快乐之本。但如果是这种助法，那收获的就不是快乐而是痛苦了。借而望还，不如不借；施而望报，不如不施。

当然，无论是持家、理财或者帮助朋友、接济亲人、捐赠弱势人群，都应该把握“施而不奢，俭而不吝”的尺度。也就是说，在帮助朋友、接济亲人、捐赠弱势人群时，要做到“施而不奢”：施舍要慷慨，但不可讲虚荣、装阔，超出自己的经济能力。

## 三、把握嫁娶的基本原则：要门当户对，不要贪求势利

颜之推在《治家》篇里告诫子孙，在婚姻嫁娶问题上不可以贪势求利，他说：

**“婚姻素对，靖侯成规。近世嫁娶，遂有卖女纳财，买妇输绢，比量父祖，计较锱铢，责多还少，市井无异。或猥婿在门，或傲妇擅室，贪荣求利，反招羞耻，可不慎欤？”**（男女婚嫁要选择清白的配偶，这是先祖靖侯留下的规矩。近年来，婚姻嫁娶中竟然有人卖女儿捞钱财，用财礼买媳妇，算计比较对方父祖辈的权势地位，斤斤计较对方的财礼，索要得多而回报得少，与做买卖没什么两样。这些人家，结果招进了猥琐鄙劣的女婿，或者娶回了凶悍蛮横的媳妇。贪图虚荣和利益，反而招致羞耻。对此能不慎重吗？）

我觉得颜之推在这里提出的问题很值得今人认真思考，婚姻问题向来是人类社会的大问题。

古代没有爱情自由的观点，所以婚姻的原则主要是“门当户对”。

现代则主张恋爱自由，五四反传统以来，一部分知识分子把恋爱自由演绎为“爱情至上”，觉得“门当户对”完全是陈腔滥调，不值一提。

1949 年以后，“爱情至上”和“门当户对”都被“阶级”“政治”所取代，造成一种婚恋以对方的家庭出身和政治条件为第一考量的奇怪的社会现象。

而最近三十年来，随着改革开放、经济发展和财富的增加，又产生了以对方的经济条件作为第一考量的另一种奇怪的社会现象。

今天的青年面对婚恋时常常提到“面包与爱情如何取舍”的问题，这里的“面包”主要是经济，但也包含有社会地位的因素。如何处理“面包”与“爱情”的问题，成为了今天社会面对婚恋时的讨论热点。古人的“门当户对”已不被大多数青年所信奉，而五四以来的“爱情至上”也被今天的青年视为不现实，越来越多的青年把“面包”问题视为婚恋因素中最重要的一项，等于是又踏入了颜之推所批判的嫁娶时“贪荣求利”的覆辙。所以颜之推在婚姻嫁娶上的观点并没有过时，它仍然值得今天的中国人重新审视，尤其是待婚男女及其家长。

颜之推在这里提出的原则，简单说就是婚姻要“门当户对”。这个观念到底对不对呢？近代中国人尤其是知识分子，几乎把它批得一钱不值，我却觉得这原则虽不能说绝对正确，但大体上并没有错，不要说在古代，即便是在讲究自由恋爱的现代，也还是值得我们多多思考的。谈恋爱或许不必“门当户对”，因为恋爱的动力是男女激情，互相“来电”就好了，家庭在这个时候显得并不重要。但是如果真正谈婚论嫁了，情形就不一样了。

恋爱只是两个人之间的事，而婚姻却是两个家庭、两个家族、两个群体（亲戚、朋友、同事等等）的事。

“门不当户不对”的婚姻在激情过后，两方亲友之间往往容易产生不和，甚至冲突，最终影响到当事人双方的感情，严重的则导致婚姻破裂。而“门当户对”的婚姻则比较不易产生此类不和与冲突，即使有，程度上也会轻得多。

还记得三十年前，在极“左”思潮的影响下，找对象只看家庭出身、政治条件，知识分子或出身不好的女孩多选择革干子弟、工人子弟，甚至有上山下乡的女青年嫁给没有文化的农民，以表示自己很“革命”。这些故事开始时很时髦，但多半以悲剧收尾。

作家李锐的长篇小说《旧址》就写了这样一个故事：知识女青年李延安为了

表明自己坚决接受贫下中农“再教育”“彻底革命”“脱胎换骨”的决心，把自己嫁给了一个大字都不认得一个的羊倌歪歪。歪歪一辈子没洗过澡，圆房前打了半盆水随便洗了一下，可还是脏臭得让李延安受不了，几乎无法完成新婚仪式。那最后的结果自然可想而知，几年之后还是以离婚收场。这是小说，现实中比这还糟糕的例子都有，现在很多电视台在播出家庭生活纪实类节目，大都是夫妻状态不对称所产生的问题。

像李延安这样的例子，今天是绝对看不到了，但又出现了另外一个极端，有些青年，尤其是女青年，既不重视家庭，也不重视感情，一味向钱看，傍大款，附新贵，争嫁“富二代”“官二代”，影星则更以“嫁入豪门”为荣。这种社会现象几乎天天可以在报纸上看到，而由此引发的问题已经成了今天社会的焦点之一。颜之推讲的“卖女纳财，买妇输绢，比量父祖，计较锱铢，责多还少，市井无异”的现象，在今天只是换了一种时髦的面目出现罢了。这实在是一件值得我们深思的事。

以上三点，我觉得是《颜氏家训·治家篇》中对我们今天治家仍然有参考价值的东西，归纳起来就是：第一，要树立“父慈子孝、兄友弟恭、夫义妇顺”的风气；第二，在钱财的处理上要做到“施而不奢，俭而不吝”；第三，在子女的嫁娶上要讲究“素对”，不要“贪荣求利”。

# 第四章

# 人际关系法则：懂礼貌的孩子更受欢迎

跟一些朋友聊天时，常常听到这样的抱怨：今天的小孩子、年轻人不懂礼貌，没有规矩，言谈举止不懂得上下长幼之间应有的分寸。

这的确是一个值得大家严重注意的问题，因为如果青少年时代没有把规矩训练好，长大了要有文明的风度就很难。

中国的传统家庭尤其是士大夫家庭，或者说读书人家，是很讲究礼节规矩的。《颜氏家训》中有一篇专谈士族子弟待人接物所应当遵循的礼仪规矩，叫《风操》篇。在《风操》篇中，颜之推讨论了当时士族中流行的各种风尚、礼节，并讲到这些风尚、礼节会随着时代和地区有所变化；在此基础上，他加以折中，提出了自己的看法，作为对子孙的训诫。

颜之推所谈到的这些风尚礼节，有些一直影响到后世，成为了我们民族礼仪的一部分，直到今天仍有重要的参考价值，下面我就提出对现在还有意义的两个方面来谈谈。

## 一、如何提高孩子获得的印象分：关于称呼和避讳的礼仪

中国文化尤其是儒家文化特别重视“礼”，“礼”的目的就是区分尊卑上下。人和人的关系有平等的一面，主要是生命的平等、人格的平等；但实事求是地讲，人和人的关系也有不平等的一面，这主要表现在尊卑上下方面，例如父母和子女、

上级和下级。如何恰当地处理这不平等的一面，使它不造成冲突，实现和谐，这就是“礼”的内容和意义。“礼”的细密丰富的程度往往同时体现着一个民族的文明程度。中国人向来以“礼仪之邦”自豪，在“礼”的规定方面一向严谨细致，中国最早的经典《五经》中有“一经”是《礼记》，就是一个最好的证明。“讲礼”这一点，至今在整个汉文化圈都没有质的变化。

先说“孝”，这是处理人际关系的基础。

上下尊卑关系中最根本的一种就是父（母）子（女）关系，其他关系都可以从父子关系推出或比附于父子关系。因此，中国文化尤其是儒家文化中，特别强调要处理好父子关系，父子关系处理好了，其他尊卑上下的关系也就好处理了。父子关系的最佳境界就是“父慈子孝”，父母对子女要慈爱，子女对父母要孝顺，所以“慈”与“孝”可以说是处理人与人不平等一面的最根本的原则。但“慈”与“孝”比较起来，“慈”是天性中本来就有的，基本上不需要教育，而“孝”却不是，因而特别需要强调后天教育。这样就不难理解为什么儒家的基本经典中有《孝经》而没有《慈经》了。“孝”是“礼”中最核心的部分，一个人做到了“孝”，由“孝”出发，也就可以处理好各种人际关系，成为一个有道德的人。所以孔子说：“孝悌也者，其为仁之本与！”就是这个道理。

“百善孝为先”，现在依然是这样，我们评价一个人，往往要先看他是否孝敬父母。一个不孝敬父母的人，身边往往没什么靠得住的朋友。

在日常生活当中，上下尊卑关系最常见的表现就是称呼问题，上下尊卑不同，称呼就不同。一个孩子从小到大，遇到的人越来越多，对每一个初次相识的人，他如何称呼别人，是与人沟通的第一步。我们经常说“第一印象”，称呼问题在“第一印象”中占的比重就很大。

跟欧美相比，中国人的称呼复杂得多，这是因为中国人特别重视上下尊卑的区分，也就是特别重视“礼”。欧美人只有“名”没有“字”，中国人传统上却有“名”有“字”；欧美人堂兄弟与表兄弟不分，外甥与侄儿不分，中国人却分得很仔细。在传统上，尤其在魏晋南北朝时期，亲戚关系中的“中”（主要指父系亲属）、“表”（又称“外”，主要指母系亲属）之分尤其严格。欧美人朋友、兄弟、父母、子女之间都可以互呼其名，而在传统中国，却有许多讲究，子女对父母直呼其名是绝对不可以的，不仅生前不可以，死后也不可以，这叫做“避讳”。对人称呼是否得当得体，对父母避讳是否讲究，往往是衡量一个人的出身、教养的重要标准之一。

历史上有很多事例，可以看出古人是何等在意“避讳”。例如，《世说新语·任诞篇》讲到东晋权臣桓玄的一个故事，说他有一次跟朋友喝酒，对方不能喝冷酒，他就要左右把酒“温”一下，这样不小心犯了他父亲桓温的讳，于是就惭愧地哭起来。颜之推在《风操》篇里引《礼记》中的话说：**“见似目瞿，闻名心瞿。”**“瞿”同“惧”（即“惧”），说是父亲死了之后，儿子见到样子像父亲的人，或听到父亲的名字，就会**“有所感触，恻怆心眼”**。这是很自然的。这一点即便放到当今，也不会显得古怪。合理地表达对亡故父母的敬重和追悼，是华人普遍都持有的态度。

但是，任何事物都有它的反面，“避讳”遇到“必不可避”的情形，“亦当忍之”，否则，弄得“闻讳必哭”，就会“为世所讥”。颜之推举了臧逢世的例子：臧逢世的父亲叫臧严，梁元帝做江州刺史的时候，派他到建昌去督察公事；每当公文中出来“严寒”的字眼，他就要伤感流泪，结果把公事都耽搁了，因而被免职。这样因“讳”误事，自然会为人所讥笑了。

说到“避讳”，就不得不讲解一下古人“名”“字”之别。

中国古人一般都有“名”有“字”，“名”通常是一生下来就取，“字”则是二十岁行冠礼再给的。《风操》篇说：

**“古者，名以正体，字以表德，名终则讳之，字乃可以为孙氏。孔子弟子记事者，皆称仲尼；吕后微时，尝字高祖为季；至汉爰种，字其叔父曰丝；王丹与侯霸子语，字霸为君房；江南至今不讳字也。河北士人全不辨之，名亦呼为字，字固呼为字。尚书王元景兄弟，皆号名人，其父名云，字罗汉，一皆讳之，其余不足怪也。”**（古时候，名用来端正规范，字则用来表明品德。名在死后要避讳，字却可以作为孙子的姓氏。孔子的弟子在记事时，都称他为“仲尼”；吕后微贱的时候，曾经称汉高祖的字“季”；汉代的爰种，也以他叔父的字称作“丝”；王丹与侯霸的儿子交谈时，也称侯霸的字“君房”。江南至今仍然不避讳称字。北方的士大夫对名和字完全不加以区别，字固然称字，名也称作字。尚书王元景兄弟俩，都号称名人，他们的父亲名“云”，字“罗汉”，他俩对父亲的名和字一概加以避讳，其他的人不懂得区分名字，就不必奇怪了。）

颜之推这里讲到了名和字的区别，名是用来端正规范的，上辈对下辈可以呼名，平辈对平辈、下辈对上辈都不可以称名；而字是用来表明德行的，带有敬意，所以平辈对平辈、下辈对长辈乃至弟子对老师、儿孙对父祖都可以称字。

在颜之推所举的例子里，可以看出，弟子称呼老师、妻子称呼丈夫、晚辈称呼长辈，都可以喊字，可见字是用不着避讳的。颜之推意在批评当时北方的士人不懂得名和字的区别，不仅讳名也讳字，完全没有必要。正因为名和字的这种区别，所以人死之后，他的后人要避讳提到他的名。如果当着别人的面直呼对方的长辈尤其是父祖的姓名，是一种极不礼貌的行为，甚至会被对方认为是有意挑衅，从而引起严重后果。《世说新语·方正》就讲到这样一个故事：

卢志于众坐问陆士衡：“陆逊、陆抗是君何物？”答曰：“于卿如卢毓、卢珽。”士龙失色，既出户，谓兄曰：“何至如此，彼容不相知也？”士衡正色曰：“我父、祖名播海内，宁有不知，鬼子敢尔！”议者疑二陆优劣，谢公以此定之。（《世说新语·方正》第18条）

陆士衡就是陆机，他的弟弟叫陆云，字士龙。陆抗、陆逊分别是他们的父亲、祖父。陆逊、陆抗都是东吴的大将军，卢志居然当着大家的面直呼陆逊、陆抗的名字，因而被陆机认为是当众挑衅，所以毫不客气地反击过去，也直呼他的父亲卢珽和祖父卢毓的名字。从此陆机跟卢志结下梁子，陆机、陆云后来被杀，进谗言的人就有卢志。

《风操》篇接着又举了一些例子，进一步说明称呼与避讳的问题，还包括了谦称跟尊称的问题，这些内容因为古今有异，就不再一一讲评。

我想说的是，即使到了今天，在称呼与避讳的问题上，我们还是应该发扬传统中一些好的东西，有些必要的讲究还是要讲究，该谦的要谦，该敬的要敬，该避的要避。虽不必像古人那样严格，但也应该有我们这个时代的讲究，过分直白粗鲁就会显得没有教养、不文明，尤其在书面语表达中更要注意。其中，最需要注意的，主要是自谦、敬人和避讳几个方面。

先说自谦。

现在的人凡提到自己一概用“我”，这没有什么不可以，但必要的时候，尤其在当众演讲或书面语中，应该知道，还有几种表示谦虚的说法可以代替“我”。

有时可以称自己的名以代替“我”，特别是写信给长辈的时候。台湾的政治人物在演讲的时候也常常以名代“我”，例如，“楚瑜怎样怎样”，“英九如何如何”，这种用法其实是古代的遗风，《论语》中孔子就常常自称“丘怎样怎样”。

有时可以用“儿”“侄”“晚”“职”等字眼来代替“我”，视与对方的关系而定，尤其是在书信中。这时“儿”“侄”“晚”“职”等字要写小一点，偏一点，竖写偏左，横写偏下。如果用名字代替“我”也一样。

提到自己的亲属，可用“家父”“家母”（或“家严”“家慈”）、“家兄”“舍弟”“舍妹”等等；自己的妻子可称“我太太”，但不可叫“我夫人”，因为“夫人”是尊称。台湾现在还流行“内人”“内子”（老婆）、“外子”（老公）的称呼，不过大陆已经很少用了。

至于“臣”“妾”“仆”“鄙人”“在下”“不才”“拙荆”“贱内”这些带有封建意味或太过陈旧的字眼，则不宜再用。

再说敬人。

对长辈或年长的人讲话、写信，要用“您”来称呼对方，或者是用表达关系的词如“爸爸”“妈妈”“哥哥”“姐姐”“老师”，还可以用表达职称的词如“教授”“主任”“主席”“将军”等等。提到对方的父亲、母亲、哥哥、弟弟，最好用“令尊”“令堂”“令兄”“令弟”等等（“令爱”指对方的女儿，不是“您太太”，可别闹笑话），以此类推。

如果对方是平辈或晚辈，有字则称字，无字则可加一“兄”字，表示客气，要避免直呼其名，尤其是在书信中。称呼对方的太太，平辈或晚辈可称“嫂夫人”“夫人”“大嫂”，长辈则称“伯母”“婶婶”之类。在任何时候，除非不得已，都不要连名带姓地称呼对方，直呼一个人的姓和名，一般来说都是不大礼貌的。

再说避讳。

对长辈、对老师、对上级，都不可呼其姓名。如果是谈话对方的长辈、老师、上级，也要尽量避免直呼其姓名，如不得已，也要加“令……”“尊……”的字眼，如“令尊适之先生”“尊师夏志清先生”之类。如已过世，有时还需加上“已故……”“先……”，例如“谨以此书献给先父协中公”。如果过世者比自己小，或者是晚辈，则可加“亡”，如“亡侄”“亡弟”“亡儿”乃至“亡妻”。按照传统的规矩，凡表尊敬都应该称“字”而不是称“名”，如前面引的“适之先生”，“适之”就是胡适的字，“先父协中公”，“协中”就是余英时先生父亲的字；除非没有字，才用名，如“夏志清先生”。这种习惯今天的人已经不大清楚，而且今人多有名无字，所以称名，后面加“先生”之类的字眼也就算尊称了。但老一辈的学人在文章中还常常有这样的用法，所以我们应当知道。

## 二、重要场合的行为规范：关于庆吊、往来等礼仪

中国传统文化重孝，所以关于丧礼、祭礼的规定最仔细，这在《礼记》中讲得很多。颜之推在《风操》篇中没有再多讲，却讲了很多当时有关的故事和风俗。例如，当父亲有危险的时候，如被弹劾、坐牢的时候，或在战争中生死不知的时候，做子女的应该避开歌舞欢乐；朋友家有丧事的时候，不可不表示吊唁；朋友远行，必须饯送；有朋友来访，必须迎揖，绝不可怠慢等等。

这些礼仪，因为环境的改变，交通的发达，社会组织和人际关系的变动，以及观念的进步，大多已不适用于今天的社会，但其原则和精神仍然是值得继承的。例如父母过世，也许不需要再穿孝服（台湾地区在丧礼上子女、晚辈仍然要穿孝服），也许不用再服丧三年，甚至三天也可能做不到，但总要有所表示，总得有某种仪式来表达子女的哀痛。亲戚去世、朋友去世，也许不再像古人那样行跪拜之礼（台湾地区仍然有行此礼的），但也要有所表示，不能不闻不问。

亲友远行，以如今交通之发达，再见之容易，再像古人那样长亭送别、折柳相赠已经没有必要了，但朋友往来也还是要有一定的礼节。

这些礼节其实很容易学习掌握。现在很多人，尤其是年轻人，往往不知道各种场合要讲什么话，要怎样行动。例如客人来访，要不要起身相迎？要不要端茶倒水？客人离去，要不要起身相送？送到房门口，还是电梯口、大门口？什么辈份的人、什么身份的人要执什么礼，很多人都茫然不知，我们也缺乏一个大致的规范。

尤其是经过文革“破四旧”之后，从前的旧规矩一概被革除，又没有建立新的礼仪，这样长久下去，我们这个“礼仪之邦”有可能会变得很不懂礼貌。

礼貌，在任何时候，都是一个人的隐形名片。这张名片上印的是什么东西，全看你对礼仪规范的掌握程度。

编者按：唐翼明先生认为中国亟需制定一套国民礼仪规范，并曾向相关部门提出正式建议。为此，他提供了台湾地区的《国民生活须知》，作为参照。这份《须知》虽然年代久远，却并不显得陈旧，很多道理和规则仍适用于现代社会。按照唐先生的意见，我们选摘了部分内容附于文后，供读者借鉴。

附录：台湾地区《国民生活须知》（1968 年刊印，选摘）

## 《国民生活须知》

国父一百晋一诞辰《中山楼中华文化堂落成纪念文》（部分）代序

我中华文化之基础——

一为伦理：故曰“孝弟也者，其为仁之本欤。”其始也，固在“人人亲其亲，长其长”；其终也，则“不独亲其亲，不独子其子”；且使“老有所终，壮有所用，幼有所长，鳏寡孤独废疾者皆有所养”矣。

二为民主：故曰“民为贵”，又曰“民惟邦本，本固邦宁”。是以圣人之于内也，则选贤与能，讲信修睦，于外则继绝举废，治乱持危；且以为“天下远近大小若一”，乃曰“大道之行也，天下为公”。

三为科学：此即正德、利用、厚生之道。故孔子以为政之急者，莫大于使民富且寿。而致富且寿之道，则均无贫，和无寡，安无倾耳。语其极致，斯“货恶其弃于地也，不必藏于己；力恶其不出于身也，不必为己”，“衣养万物而不为主”者也。

国父发明三民主义，以继承我中华民族之道统为己任，乃使我五千年民族文化历久而弥新，盖我中华文化之精华，尽撷于此也。是以 国父谓“有道德始有国家，有道德始成世界”，此即民族伦理道德“壹是皆以修身为本”之秉彝也。又谓“余之民权主义，第一决定者为民主”，此则民惟邦本思想之发皇也。又谓“凡事皆要凭科学道理，才可以解决，才可以达到圆满目的”，此乃“建设之首要在民生”——而民生所日用必需不可或缺者，莫过于食、衣、住、行、育、乐六者，故 国父特以此六者科学化之建设，为使民富且寿之张本也！且以语于中华文化“尽己之性”之义，非伦理与道德欤？以语于“尽人之性”之义，非民主与自由欤？以语于“尽物之性”之义，非科学与建设欤？故余笃信伦理、民主、科学，乃三民主义思想之本质，亦即为中华民族传统文化之基石也。盖 国父建国之道，乃以伦理为诚正修齐之本；以民主为福国淑世之则；以科学为正德、利用、厚生之实；是以三民主义之思想，乃以天地万物一体之仁为中心，即所谓性之德也，合外内之道也，故时措之宜也。

## 《国民生活须知》

正文

### 壹、一般守则

一、普通礼节

（一）国家庆典，悬挂国旗。升降国旗，应肃立致敬。

（二）在集会场所，听、唱国歌，立即肃立。

（五）对尊长，鞠躬致敬；对亲友，恳切问候。尊长在座，不宜交足。

（七）注意礼让，不要忘记说个“请”字，接受任何人的帮忙服务时，不要忘记说声“谢谢”，自觉不周到处，应该说“对不起”。

（九）行礼握手，应注目示敬，如长辈或妇女未先伸手示意，可向其鞠躬或微笑点头，不必握手。

（十一）介绍相识，先尊后卑；并说明姓名或交换名片。

（十二）普通称谓，对长者、平辈，均可称先生。对妇女，应酌称小姐、女士、太太或夫人。

（十三）择交取友，须善善恶恶，而且宁可吃亏，不占便宜。

（十四）访问宜预先约定，并准时守信。

（十六）候车、购物（购票）、入场，均应遵守先后秩序。

（十七）商场买卖，应有礼貌。标价不二，信用第一。

（十八）公共场所，应酌守规定，不可随意吸烟，并不得乱抛杂物，践踏草坪，攀折花木。

（十九）参观竞技，不可无谓叫嚣。尤其在国际竞赛场合，不可左袒己方，而失礼于彼方。

（二十）听乐观剧，按时进退，保持宁静，鼓掌中节。

（二十一）绝对不可随地吐痰、随地便溺。

（二十二）公用毛巾，不可揩擦鼻涕唾沫。

二、说话

（一）说话要诚恳庄敬，声音适度。不谈人私，不议人短，不炫己长。

（二）对方说话，不可打断，旁人谈话，不可插嘴。听人讲话，耐心听完。

（三）与多数人在一起，不可专与一、二人谈话，并避免以方言交谈。

（四）打电话时，应说明己方姓名，如拨错号码，宜表示歉意。

接到电话，先答己方姓名，如接话人外出，应听明转告。

使用电话，应问答简明，声音不宜过高，时间不可过长。

三、开会

（一）出席集会，严守时间。必须中途退席时，应先请求主席许可。

（二）保持会场秩序，尊重主席职权，发言先求许可，并遵守时限。

（三）养成服从多数、尊重少数之习性。

## 贰、食的方面

一、进食

（一）食物讲求卫生，餐具务须清洁。

（二）长者未食，及家人未到齐以前，不宜先食。

（三）进食时，要保持良好姿态，肘臂不可张开，以免妨碍邻座。

（四）喝汤不宜有声，碗盘筷匙，不宜撞击作响。

（五）不可用筷子或手指剔牙，必要时，应用牙签，并掩蔽为之。

（六）果核骨刺，残肴饭粒，不可随手弃置。

（七）取用菜肴，应取靠近自己一面者，不可在碗盘中随便翻拣。

（八）吃面包（馒头）只宜撕成小块，不可大口咬食。

（九）进食时，与同座谈话，声音不可太高；并不可挥动筷匙刀叉。

（十）茶饭既毕，应将餐具理好，坐椅亦应放回。

野餐后，其纸巾、饭屑、竹筷、木盒等，应放置于垃圾桶内，或集中自行带回。

二、宴会

（一）请帖应早日发出，并附回单。

（二）接到邀宴请帖，应即行作覆。如覆“陪”（按：“陪”即作陪，出席之意），须准时前往参加。如覆“谢”（按：“谢”即婉谢，不克出席之意），切不可临时参加。

（三）参加宴会，不可中途离席。如有必要，应向主人致歉。

（四）宴会敬酒，例由主人先向宾客举杯。劝酒劝菜，不可过分勉强。又茶具酒器，宜有分别。

（五）西餐注意事项

1. 取用靠右边的饮料，靠左边的面包。

2. 先取用离盘最远的匙、刀与叉。喝汤使用大匙，割食肉类与菜肴，使用大型刀、叉。

3. 除酒杯及饮料杯外，不可将任何盘碟举起饮啖。

4. 不可用自己刀叉在公用盘碟内取用食物。

5. 刀叉用毕，应并置于盘中。

## 叁、衣的方面

（一）服饰以整洁朴素为主，材料宜用国货，式样不宜奇异。

（二）衣服应穿正、扣钮，污垢须随时洗涤，破绽须随手缝补。

（三）帽子不得歪戴，发式、服装，不得蓬头怪样。

（四）出门不赤膊、不穿拖鞋，不着睡衣。

（五）礼服——中服，男子为蓝袍、黑褂，或深色中山装。女子为袖长及肘、身长及踝之旗袍。西服则照西方习惯。

（六）参加丧礼吊唁，宜着深色衣服，举止并应肃穆。

## 肆、住的方面

一、卫生安全

（一）居室内外，应经常洒扫，厨厕应经常清洗，沟渠经常疏通，蚊、蝇、虫、鼠，应勤加扑灭。

（二）家具物件，力求整洁。如有隙地，应使美化。

（三）当街过道，不晒衣物。屋外车具，不可妨碍交通。

（四）不涂污墙壁，不乱丢弃物，不乱倒污水。

（五）小心火烛，谨慎门窗。

二、日常生活

（一）早睡早起，勤劳操作。

（二）应经常剪指甲、理头发、勤沐浴。

（三）喷嚏、呵欠，必须掩口。

（四）饭前、便后、工作、运动完毕，必须洗手，以维卫生。

（五）随手关门，随手熄灯，随手关水。（公共场所尤其重要。）

（六）收听广播或收看电视，保持适当音量，不可妨害周围宁静。

（七）常用物件，放置一定处所，用毕归原。

（八）睡时熄灯，夜迟归来，须保持安静。

（九）有事出门，言明去处。逾时不归，应及时通知。

三、邻居、同住及公共生活

（一）与人同住，注重礼让，守望相助，疾病相扶持。

（二）室内一切动作，均宜轻缓，以保持宁静。

（三）将入人室，应先叩门。私人信件，不得拆阅。

（四）他人物品，未得同意，不可擅自动用。

（五）公井、公浴、公厕，及公共集会场合，必须保持整齐清洁。

四、家庭

（一）子弟应服从尊长，如有意见，应婉转说明。

（二）兄弟、姊妹、妯娌，须互相友爱、谅解。

（三）夫妇相处，互敬互谅，不宜专断诟谇。

## 伍、行的方面

一、秩序与安全

（一）行车走路，不可争先，车辆行人，均应靠右。

（二）与尊长同行，应略退于后方一步。必要时，并须予以搀扶。

（三）乘车须依序上下，不可以头与手伸出窗外，不可攀立车厢两旁。

（四）行路时，要注意标志灯号，服从交通指挥。

（五）穿过街道，应走行人穿越道或斑马线。

（六）通过平交道，要特别小心，并不可穿越平交道放下的栏栅。

（七）使用脚踏车，不可抢先，不可攀附任何车辆之后。

（八）机车不可超载，单车不可双乘。（拖车的牲畜不可虐待。）

（九）车辆夜行，应照规定亮灯。

（十）不得于道路中击球游戏，不得于公路及铁路中间放置石块及其他障碍物，妨碍行车安全。

二、仪态与风度

（一）行路须抬头、挺胸、比肩、齐步，容止安详。

（二）行进间，不可吃零食，不可攀肩搭背。

（三）乘坐车船，应对老弱、妇孺、伤残、疾病者让坐，并照顾其上下。

（四）路遇遗物，应归还原主，或送警招领。

（五）乘坐车辆，宜依次就座。

## 陆、育乐方面

（一）爱护儿童，不可放纵，应启发其心智，矫正其不良习惯。

（二）管教子女，身教为先，不宜动辄责骂。

（三）要养成为多数人服务，“先之劳之”的美德。

（四）养成其是非心，能仗义执言；养成其同情心，能急人之急。

（五）见人倾跌，不可哗笑，须予扶持。见人斗殴，不可助虐，须予排解。

（六）不容许孤立自私，投机取巧，偷惰怠忽；尤不容许贪人之功，以为已有。

（七）遵守防疫规定，接受注射检查。

（八）利用休闲时间，培养艺术兴趣，提倡正当娱乐。

（九）提倡正当的国民运动，如球类、骑射、驾驶、操舟、旅游、钓猎、拳术、游泳、舞蹈……以代替流俗的娱乐。

# 第五章

# 优选朋友就是优选人生：成长的道路上要敬慕贤才

“贤人”或“贤才”通常是指品德跟才能高出一般人的特殊个人，敬贤爱才是中国文化的优良传统。孔子早就说过“才难”，就是指人才难得。

中国的历史证明，国家兴亡，天下治乱往往取决于是否用对了人才。“得人者昌，失人者亡”，这里的“人”，一方面是指人民、人心，另一方面也是指人才、贤才。一个国家有几个贤才在位，这个国家就能稳定，就能昌盛；反之，如果在位的一个贤才也没有，都是庸才，甚至小人，就会动乱、衰亡。

颜之推在《颜氏家训》的第七篇《慕贤》篇里就特别教导自己的子孙，如果自己身边有人才出现，要懂得景仰，他说：

**“古人云：‘千载一圣，犹旦暮也；五百年一贤，犹比髆也。’言圣贤之难得，疏阔如此。傥遭不世明达君子，安可不攀附景仰之乎？”**（古人说：“一千年出现一位圣人，就好像早晚之间那么快；五百年出现一位贤士，也好像一个接着一个那么多。”这是说圣贤之人非常难得，相隔邈远到如此地步。倘若遇上了世所罕见的明达君子，怎么能不去攀附景仰呢？）

圣人罕见，就是贤人也不易得，如果一千年能够出一个圣人，五百年能够出一个贤人，这都已经算很频繁了。中国五千年的文明史，大家公认的圣人就只有一个孔子，全世界像孔子这样的人，掰着手指头也就数完了。

这个道理很容易懂。设想历史上没有孔子，没有释迦牟尼，没有苏格拉底，没有柏拉图和亚里士多德，没有耶稣，没有穆罕默德，人类社会将是什么样子？暂不说像孔子这样的圣人，就是像屈原、李白、杜甫、陶渊明、苏东坡这样的诗人，我们又有多少个？如果没有他们，中国文学会是什么样子？我们习惯于说“人民创造历史”，这当然不错，但是要明白，这“人民”里面就包括圣人和贤才，他们对历史的贡献要大过普通人，历史如果没有这些圣人和贤才，肯定将不会是今天我们看到的这个样子。对这样的圣人和贤人，我们怎么可以不崇拜、不景仰、不认识他们的价值、不努力向他们学习呢？所以颜之推在家训中再三告诫自己的子孙，一定要懂得景仰贤人。

道理虽然这样讲，毕竟圣贤在生活中很难碰到，所以把这个道理进行日常化应用，得出的基本结论就是：对于周围有才能的人、比自己强的人，都要主动接近，积极向他们学习。

颜之推说：

**“人在年少，神情未定，所与款狎，熏渍陶染，言笑举动，无心于学，潜移暗化，自然似之；何况操履艺能，较明易习者也？是以与善人居，如入芝兰之室，久而自芳也；与恶人居，如入鲍鱼之肆，久而自臭也。墨子悲于染丝，是之谓矣。君子必慎交游焉。孔子曰：‘无友不如己者。’颜、闵之徒，何可世得！但优于我，便足贵之。”**（人在年轻的时候，精神性情尚未定型，亲密相处的人会互相熏陶濡染，一言、一笑、一举、一动，即使无心效仿，但在潜移默化中，自然就会有相似之处。更何况操守技能、那些明白而容易学到的东西呢？因此，与善人相处，如同进入满是芷兰香草的居室，时间久了，自己也会变得芬芳起来；与恶人相处，如同进入满是鲍鱼的店铺，时间久了，自己也变得腥臭起来。墨子有感于染丝而悲叹，说的也就是这个道理。所以君子结交朋友一定要慎重。孔子说：“不要跟不如自己的人交朋友。”像颜回、闵损那样的贤人，哪里是每世都可遇到的！只要比自己强，就值得敬重了。）

我觉得我们今天做父母的人，特别要好好想想颜之推这段话。从他这段话里，至少要明白三个道理：

第一，对孩子要加强“环境”保护。

孩子在青少年时期，很容易受到各种信息潜移默化的影响，所以要特别注意他所处的环境，而最关键的就是与什么人来往。

大家都知道“孟母择邻而处”的故事，但不一定记得孟母每次搬家的原因。孟母实际上搬了两次家。第一次搬家前，母子俩住在一个墓地附近，孟子就跟那些哭丧的学哭；后来，孟母搬到一个市集当中，孟子又跟着商人们学锱铢必较的伎俩；孟母于是又搬到一个学校旁，孟子开始学读书，这才安定下来。

孟母第一次搬家，是因为那个环境对孟子的性格形成不利，第二次搬家，是因为环境对孟子的人格形成不利。

我们今天的家长不需要过分干涉孩子与人交往的自由，但是一定要主动去了解孩子的朋友，与孩子的朋友交朋友，然后帮他们做一下理性的甄别。

这不能说是“越俎代庖”，而是必要的帮助。就像一棵小树在成长的过程中，容易被风吹歪，那么该扶就得扶，该上夹板就要上夹板来匡正。

第二，要引导孩子去发现在某方面胜过自己的人，学习别人的优点。

由于一胎化政策，今天的青少年大部分是家中的独子独女，从小被过分呵护、过分宠爱，从小到大听到的都是赞美，又没有兄弟姐妹可以比较，很容易养成以自我为中心、目中无人的脾性。承认别的同伴比自己强、值得自己好好学习，对今天的许多青少年来说是很少想到也很难实践的事。连孔子都说：“三人行，必有我师。”今天的青少年中，懂得这个道理的却很少，这实在值得家长们忧虑。而承认自己的孩子比别的孩子差，对现在的家长来说也是件很难的事，他们往往一厢情愿地认为“孩子是自家的好”，这一点更让人担忧。

我们教导青少年说，“每个人都是独特的，你是这个世界的唯一”，这是西方传过来的思想。注意从正面教育青少年，培养他们的自尊意识，这并没有错；但是，如果强调过了分，就会忘掉事情的另一面：人和人之间本来就存在“贤愚之别”。人与人之间可以相差甚远，这种差别有的是天赋，有的是后天的教养造成的。

中国古人就说过：“人之相去如九牛毛。”（见《晋书·华谭传》）这话的意思是说，人和人的差距可以有九头牛的毛排在一起那么远。鲁迅也说过：“人和人的差别，有的时候比人和兽的差别还要大。”人的平等是真理，人的不平等也是真理，只记得一面，只宣传一面，其实是有害的。颜之推在《慕贤》篇中，就举了他所见到的几个例子，来说明人的能力差别之大，以及有才能的人对我们的重要性。

从小的方面说，一个贤才，能让身边的人各得其所，把事情安排得井井有条；从大的方面说，有时候，一个有才能的人会关系到国家的安危。颜之推举了三个当时的例子，来向后人们阐释这个道理。

第一个例子是梁朝的羊侃。在侯景之乱中，羊侃当时担任太子左卫率，驻守在京都建业台城边的东掖门。颜之推亲眼见他部署军队、处理防务，一个晚上就把该办的事情都办完了，结果赢得了一百多天的时间来对抗侯景军队的攻城。当时京都里有四万多人，王公大官也不下一百人，大家都没了主张，靠了羊侃一人才得以活命。

所以颜之推感叹说：

**“……其相去如此。古人云：‘巢父、许由，让于天下；市道小人，争一钱之利。’亦已悬矣。”**（巢父和许由连天下都不要，市面上的商人却连一个小钱都不肯让，人和人的差别竟会如此的悬殊。）

第二个例子是北齐文宣帝时期的尚书令杨遵彦。这个人非常正直能干，把朝事处理得井井有条。所以，虽然皇帝高洋荒淫残暴，当时的政治却还清明，国家也安定。后来高洋死了，其同母弟高演继位，因与杨遵彦有过节，把杨遵彦杀了，结果北齐朝政就变得一塌糊涂。

第三个例子是北齐名将斛律明月。此人英勇善战，有他在，敌国北周不敢侵齐。可惜他后来被冤杀，北齐就被北周消灭了。颜之推感叹说：**“此人用兵，岂止万夫之望而已也！国之存亡，系其生死。”**（这个人用兵打仗，岂止是万中挑一而已啊！他的生死决定着国家的存亡。）

颜之推用这些例子告诫子孙，一个人的作用有时超过千军万马。古今中外这样的事例不胜枚举，我们且从古代和现代再找两个典型的例子来佐证。

先说古代的“楚汉之争”。汉高祖刘邦得天下后，曾问群臣，他为什么能够打败项羽？有人说这，有人说那，刘邦自己总结说，根本原因是用对了人才：

**“夫运筹策帷帐之中，决胜于千里之外，吾不如子房。镇国家，抚百姓，给馈饷，不绝粮道，吾不如萧何。连百万之军，战必胜，攻必取，吾不如韩信。此三者，皆人杰也，吾能用之，此吾所以取天下也。项羽有一范增而不能用，此其所以为我擒也。”**（说到在指挥所里筹谋划策，就能使千里之外的军队打胜仗，这方面我赶不上张良；安定国家，抚慰百姓，供给粮饷，并且使供给的道路通畅，这方面我赶不上萧何；集结百万大军，打仗一定胜利，攻城一定拿下，这方面我赶不上韩信。这三个人都是杰出的人才，我能信任他们，这就是我能够取得天下的原因。项羽有一个人才范增，却不能信任，这就是他败在我手里的原因。见《史记·高祖本记》）

汉高祖当时正在人生顶峰，却仍然能认识到自己与身边人的差距，这个心态非常值得现在的人去学习。对于领导者来说，要知人善用；对于普通人来说，要善于学习别人的长处。

再说现代的“国共之争”。共产党胜，国民党败。宋美龄曾经感叹说，周恩来是共产党中最优秀的人才，没有把周恩来争取过来，是国民党失败的重要原因——周恩来曾经是黄埔军校的政治部主任，蒋介石是校长，宋美龄认为，本来是有可能把周恩来争取过来的。

从上面两个例子我们可以看出，能不能发现、善待贤才往往是成败的关键。所以我们一定要懂得景仰贤才。如果平生有幸能够碰到这样的人，一定要主动接近他们，向他们学习。

第三，选择好的朋友和伙伴，关键是要有一双善于发现的眼睛，并且要端正心态。

颜之推接着又指出，我们跟贤人交往的时候，常常容易犯几种毛病，应该特别注意。

首先，常人每每有一种“贵远贱近”的倾向。所谓“远来的和尚好念经”，近在身边的贤人却看不到，不懂得敬重。

他说：

**“世人多蔽，贵耳贱目，重遥轻近。少长周旋，如有贤哲，每相狎侮，不加礼敬；他乡异县，微借风声，延颈企踵，甚于饥渴。校其长短，核其精粗，或彼不能如此矣。所以鲁人谓孔子为东家丘。”**（世上的人大多有一种盲目性，即对传闻的事很看重，对自己眼见的事却很轻视；对远方的人很重视，对近处的人则不当回事。从小在一起长大的人，如果其中有贤士智者，人们往往轻侮怠慢，而不加以尊崇礼敬；异地他乡的人，只凭借一点名声，却伸长脖颈踮起脚跟，如饥似渴地去仰慕。其实，考察两者的长短，核实两者的优劣，也许远方的人还不如身边的人呢。所以，鲁国的人不把孔子视为圣人，而称他为“东家丘”。）

这的确是值得我们注意的，西谚说：“仆人眼中无伟人。”仆人离伟人太近，反而看不到伟人的伟大，只看到伟人也跟常人一样吃饭睡觉拉屎拉尿。孔子说：“唯小人与女子难养也，近之则不逊，远之则怨。”其实也是一样的道理，孔子说的“小人”就是仆人，“女人”则是妻妾，这些人也是离得太近，所以看不到伟人的伟大，只看到伟人跟常人相同的一面。我们周围的人，尤其是那些很熟稔的朋友，有些人学问很好、才干很高，或是品德很高尚，但因为我们跟他们太熟了，常常会忽略掉这些，又因为是一起长大的人，往往不甘心承认人家比自己高明很多，这是我们都很容易犯的错误。其结果往往是，就算我们身边有贤才，我们通常也不会虚心去向他们学习，这是很可惜的事。

其次，在跟贤者交往的时候，人们还容易犯的一个错误是“以地位论人”。

一个才德高尚的人，可能职位并不高，常常就会被我们忽略。

颜之推举了一个例子，在梁元帝的时候，有一个叫丁觇的人，庶民出身。那时“士”“庶”的分别非常严格，非士族出身的人即所谓“庶民”，又称“小人”，比士族阶层地位低很多。有些高门大族出身的人根本不屑于与庶民交往，东晋的时候有一个著名的清谈家叫刘惔，做过京兆尹（首都市长），他曾经说过：“小人都不可与作缘。”（见《世说新语·方正》第 51 条）这话的意思就是“普通人根本不值得跟他打交道”。丁觇很有才华，文章写得好，书法尤其精妙，后来做了梁元帝的书记。但当时的士族仍然瞧不起他，不让子弟跟他学习，甚至说“丁君十纸，不敌王褒（另一个出身贵族的书法家）数字”。其实丁觇在中国书法史上的地位比王褒高得多，后来丁觇死了，大家才认识到他书法的精妙：“前所轻者，后思一纸，不可得矣。”现在不是有同样的情形吗？有些书法家、画家是真正了不起的人才，可是因为年轻，或者因为社会地位不高，便不为周围的人所看重，等到成名之后，想求他的字画都求不到了。

有人说，艺术界离平常人的生活有些遥远。有才华的人在自己身边时，我们不懂得发现和学习，等他们离我们远去，我们再想近距离接触和请教时，就太晚了。常听人说：“我和某某名人是街坊”“某某领导是我小学同学”。可惜当年这些名人、领导在他身边的时候，他却浑然不知，从来也没有想到要向这些人学习。

最后，颜之推告诫子孙，在与贤者交往的时候，要特别注意不能“掠人之美”。

他说：**“用其言，弃其身，古人所耻。凡有一言一行，取于人者，皆显称之，不可窃人之美，以为己力；虽轻虽贱者，必归功焉。窃人之财，刑辟之所处；窃人之美，鬼神之所责。”**（采用了一个人的意见，却不任用这个人，古人认为这是很可耻的。凡是一句话或一个行为，是从别人那里学来的，都应该公开加以称扬，而不能掠人之美，把它看作自己的功劳；即使这个人地位低下，身份卑贱，也应该归功于他。窃取别人的财物，要受到刑律的处置；窃取别人的功劳，则会受到鬼神的责罚。）

颜之推这个告诫非常值得我们借鉴，尤其是今天，特别是在学术界，如果我们采取了别人的观点而不加以注明，这就是剽窃，是学术界的大忌。古代没有“著作权”“智慧财产权”的概念，颜之推尚且告诫子孙“不可窃人之美”，而我们今天的学术界居然有人公开剽窃抄袭，实在是非常可耻的事情。不仅学术界，扩而充之，在社会生活的各个方面，对任何人的功劳、贡献、发明创造，都要公开赞扬，不仅不能窃取，也不可以埋没，这才是对待贤者应有的态度。

现在，因为电脑的普及、网络的发达，检索资料特别方便，而文章一旦上了网络，就等于公开在全世界面前，如果我们没有严肃的“著作权”“智慧财产权”的概念，有意想窃取人家的劳动成果，那是一点都不困难的。我自己做大学教授很多年，常常发现学生的报告和论文部分抄袭自网络上的现成资料，别人的、古人的、外国人的都有，有的甚至全篇都是拼拼凑凑，根本没有自己的独立见解。这种情形现在在很多大学都非常普遍，十分令教师头疼，因为教师也无法去篇篇搜索核对，有时怀疑是抄袭，却又拿不出确实的证据，只好不了了之。而这样又更加助长了抄袭的风气。

中小学因为不牵扯到学术问题，所以这样的事不会表现得那么显性，但是我们有理由推测，在大学里抄袭论文的学生，往往是在中小学时代就抄作业、抄试卷形成习性的孩子。家长或者是心疼孩子课业重，或者是照顾孩子的自尊心，对孩子的作弊行为，有时候会睁一只眼闭一只眼，这是极不可取的。因为一路“抄”过来的学生，在学校的温室里还好，一旦到了社会上，要凭真本事说话时，就无从抄起了。那时候，凄风苦雨来袭，家长就是想帮也帮不到了。与其在孩子成年后后悔，还不如从小就培养他自觉、自立。

近朱者赤，近墨者黑。教孩子去分辨他的“小社会”里的是与非，让孩子明白“三人行必有我师”，领会向别人学习的重要性，也掌握向别人学习的正确方法，这是每个家长都应该给孩子上的一门“必修课”。

第六章

# 学习是人生头等大事：爱读书的孩子才会走向成功

子曰："学而时习之，不亦乐乎？"这是中国人的圣经《论语》中的第一句话，大家都会背。

孔夫子是中国人最崇拜的圣人，也是最伟大的老师，他教导过我们许多东西，但第一句话就是要我们好好读书，重视学习。所以教导子孙努力读书、努力学习，从古至今就是中国人家庭教育中最重要的传统，在这一点上，全世界大概只有犹太人可以跟中国人相比。

到今天，一般人谈起对子女的教育，重点也都还是摆在读书上，这虽然有点片面，但大体上还是对的。因为对于青少年而言，读书的确是一件最重要的事，读书不仅可以学到各种各样的知识、技能，还能学到做人、应世的根本道理。

魏晋南北朝时期，由于政权更替频繁，官办教育系统的州学、县学一直办得不好，连中央的国子学、太学都时兴时废，战国时代曾经非常繁盛的私人聚徒讲学，也由于社会动乱而趋于式微。这个时候，正值中国士族阶级兴起，于是教育的重心便由官学、私学转向家学。中国家庭，尤其是士人家庭，或者说读书人家庭，特别重视家学，今天我们讲的"家学渊源"就是从这个时候开始的。

颜之推在《勉学》篇中反反复复告诫子孙，学习是人生的大事，没有比这更重要的。他到底在《勉学》篇中说了些什么呢？我想从中提取几个至今对我们还有启发意义的问题来谈谈。

## 一、任何人都要努力学习

颜之推在《勉学》篇一开头就告诫子孙，无论什么人都要努力学习。他说：**“自古明王圣帝，犹须勤学，况凡庶乎！”**（连皇帝都要勤奋读书，更何况我们一般的老百姓呢。）

我记得阎崇年先生在讲到《康熙大帝》的时候，说康熙小时候读书非常努力，《大学》《中庸》《论语》《孟子》都一段一段地读，一段一段地背，每段要读一百二十遍，背一百二十遍。阎先生是研究清史的专家，我想他说这个话应该是有根据的。一个人贵为天子，如此勤奋，如此努力，这不能不令我们敬佩，我自己读书就没有这么努力过。

一个人无论出身于什么社会阶级，无论家庭背景如何，都必须努力学习、努力读书，没有人可以例外。出身于富贵家庭或知识分子家庭，自然具备比别人更好的先天优势，但如果自己不努力、不读书，长大了还是一个没有知识的人，优越的家庭地位也会跟着丧失。相反，如果一个人出身于贫贱家庭，父母没有文化，但自己得到了学习的机会，又肯努力向上，仍然可以变成一个饱学之士，家庭地位也会随之上升。所以，中国人常说“富不过三代，穷不过三代”，其道理一部分就在这里。

中国的传统社会，自秦朝以来，尤其是在隋唐实行科举制度以后，社会阶级的流动性就比以往许多其他民族的社会都更大。科举制度下，一个人可以凭借天分与勤奋读书从平民登上仕途，提升自己与家庭的社会地位。现代社会，这个特征表现得更为明显，今天，一个人在社会上的地位基本上取决于他受教育的程度，这不需要多说。所以，一个人在年轻的时候狠下工夫，好好读几年书，打下坚实的知识基础，实在极为必要。古人说：“少壮不努力，老大徒伤悲。”颜之推指出：**“何惜数年勤学，长受一生愧辱哉！”**（为什么要吝惜几年勤奋学习的付出，而去承受一生的惭愧和屈辱呢！）

这是对子孙的恳切告诫。我们今天做父母的也要这样教育子女，时时提醒他们，年轻时候是否努力读书，将决定他们一生的事业与荣辱。

## 二、读书是立身之本

颜之推认为，一个人要在社会上立足，只有把书读好是最靠得住的。

这一点在社会剧变（比如改朝换代）时看得最清楚。颜之推出身于南朝的梁代，梁亡入北齐，北齐亡又入北周，隋代北周又入隋，一生经历了四个朝代。他亲眼看到在"朝事迁革"的时候，许多昔日的权贵子弟顿失父兄荫庇，自己又不学无术，无一技之长，无法在社会上立足，狼狈不堪。而那些曾经努力读书、肚子里有学问的人，则总可以找到事做，不至于沦为"小人"（"小人"一词在魏晋南北朝时期一般指非士族的平民百姓）。他自己就是一个例子，他因为学问好，所以虽然经历了四个朝代，却都有官做，而且官位清显。

颜之推以自己的亲身见闻告诫子孙说：

**"自荒乱已来，诸见俘虏。虽百世小人，知读《论语》《孝经》者，尚为人师，虽千载冠冕，不晓书记者，莫不耕田养马。以此观之，安可不自勉耶？若能常保数百卷书，千载终不为小人也。"**（自从兵荒马乱以来，我见过不少俘虏，其中有些人虽然世世代代都是平民百姓，但由于读过《论语》《孝经》，还可以去当别人的老师；而另外有些人，即使是年代久远的世家大族子弟，由于不会动笔，结果没有一个不沦为种地养马的奴仆。由此看来，怎么能不勉励自己刻苦学习呢？如果腹中能够经常保有几百卷书籍，就是再过一千年也不会沦为低贱小人。）

为什么一到社会大变动时期，一个人的穷通荣枯与教育程度的关系就表现得尤为明显呢？

这是因为，在社会稳定的时候，出身富贵家族的人毫不费力就可以过着优裕的生活，一旦社会变动，家族衰败，就要靠自己了。一个读书有学问的人总还可以找到立足之所，而一个不读书没有本事的人便只好沦为下层阶级的贫民了。

大家都知道诸葛亮的故事。诸葛家本来也出身于一个大士族，但到诸葛亮父亲这一辈已经有些衰败了，诸葛亮的父母又早死，所以，诸葛亮从小依靠叔父诸葛玄。十六岁的时候，诸葛玄也过世，家境更加清寒，几乎沦为平民，用他自己的话来说就是："臣本布衣，躬耕于南阳，苟全性命于乱世，不求闻达于诸侯。"试想诸葛亮如果不读书、没文化，结果会怎样？恐怕终其一生也就是隆中的一个农民而已。而他从小有大志，发愤读书，成了远近闻名的饱学之士，被誉为"卧龙先生"。所以徐庶才把他郑重推荐给刘备，然后有了刘备"三顾茅庐"、诸葛亮《隆中对》的故事。最终，诸葛亮辅佐刘备父子建立蜀汉、三分天下，位居宰相，名传万古。

诸葛亮当然是比较特别的例子，他的成功除了努力读书，还有天赋和机遇的问题。但就是一个天赋一般、机遇一般的普通人，只要好好读一点书，纵然不能做伟人，至少也具备了立足社会的本事。

所以颜之推告诫子孙说：

**"父兄不可常依，乡国不可常保，一旦流离，无人庇荫，当自求诸身耳。谚曰：'积财千万，不如薄伎（同'技'）在身。'伎之易习而可贵者，无过读书也。"**（父兄是不可能长期依赖的，家乡也是不可能常保无事的，一旦颠沛流离、没有人能荫庇帮助你时，就只有求助于自己了。俗谚说："积财千万，不如薄技在身。"各种技艺中最容易学习而且值得崇尚的，莫过于读书了。）

"父兄不可常依，乡国不可常保"，"积财千万，不如薄伎在身"，这都是千古不易之理。还有一句古话说："遗子黄金满籯，不如一经。"你就算是留一箱金子给子女，未见得能让子女一辈子生活安逸，因为金子是会花光的，也是可以随时失去的。可是如果你让子女读了书，有了知识，那是永远花不完也永远不会失去的。可惜许多人总是不明白这个道理。

也有人根本就怀疑这个道理，你说读书重要，他会举很多例子告诉你，有人不读书而富贵，也有人饱读书而贫贱，或者干脆说读书没用。大家还记得，三十多年前在中国社会就流行过一阵"读书无用论"，甚至说书读得越多越愚蠢。今天也有很多人认为读书并不重要，趁早赚钱才重要，没读多少书却发了大财的人不是有很多吗？

这种观点，古已有之。颜之推在《勉学》篇中就说到，当时也有类似的诘问，他的回答是，未经努力读书而获取富贵的例子是有的，但那是极少数的人，一种是运气特别好，一种是天纵英才，不适用于普通人。不努力读书，而想靠侥幸取得富贵，绝大多数都以失败告终：**“身死名灭者如牛毛，角立杰出者如芝草。”**（身死名灭者多如牛毛，出类拔萃者则少如芝草。）而踏踏实实靠读书取得名利者，虽然也有失败的，但毕竟不多，成功者的数量远远超过失败者：**“苦辛无益者如日蚀，逸乐名利者如秋荼。”**

辛辛苦苦读了一辈子书，却一点都没有享受到读书的好处，这样的人毕竟像日蚀一样少，而名利双收、生活安逸的人，却像秋草一样多，为什么大家没有看到这一点呢？

## 三、读书是求取名利的正道和大道

上文引用了颜之推的话：“苦辛无益者如日蚀，逸乐名利者如秋荼。”这里明确提到“名利”二字，而且是正面的。

其实我们每个人都想在社会上取得成功，而成功的标志不外乎“名”和“利”，特别是“利”。古人说：“世人熙熙，都为利来；世人攘攘，都为利往。”可说一语道破实情。

虽然“名利”二字说起来不怎么好听，但却是必须正视的现实。赤裸裸地倡言名利，到处争名争利，固然令人讨厌，但把名利掩盖起来，不加正视，假惺惺地讳言名利，或言不由衷地自我标榜“淡泊名利”，也许更讨厌。我觉得求名求利乃是人生常态，没必要遮遮掩掩，我们一生所做的事除了爱情以外几乎无一不跟名利有关，不是求名就是求利，或者名利兼求。求职、升职、升等、升官、提薪、发财，读书讲成绩、比赛争排名，哪一样同名利无关？哪一个人敢说“我不要”？

但是，求名求利要走正道行大路，不要走邪径抄小路。努力读书，努力学习，一步一步地积累知识，增加本领，努力工作，最后实至名归，这是大道正道；不肯读书，不肯用功，老是抱着一种赌博的心态，想快速致富，一步登天，为此不惜行险侥幸，这是旁门左道。

走大道正道，看起来费力费时，但最终会得到你应该得到的名利，而且活得心安理得；而走旁门左道的，看来不费力，速度又快，但我们要明白，在这条路上，只有极少数的人获得了他不该得到的名利，而且即使得到了也惶惶不安，惟恐受到制裁，或什么时候又失去。绝大多数靠旁门左道求取名利的人往往是徒劳无益，甚至身败名裂。

所以，人生求名求利是很正常的事情，但要取之有道，颜之推告诉我们，只有努力读书努力学习，才是求取名利的康庄大道。

## 四、人一辈子都要努力读书

读书既然如此重要，颜之推告诫子孙说，一个人一辈子都要努力读书、努力学习。少年读书固然最重要，但万一少年失学，也还是不能自暴自弃。年纪再大，读书总比不读书强。

他先说：“**人生小幼，精神专利，长成已后，思虑散逸，固须早教，勿失机也。**”（人在幼小的时候，精神专注敏锐；长大以后，心思容易分散。因此，必须重视早期教育，不能错失良机。）颜之推以自己为例来说明这个问题：“**吾七岁时，诵《灵光殿赋》，至于今日，十年一理，犹不遗忘；二十之外，所诵经书，一月废置，便至荒芜矣。**”（我七岁的时候，背诵过《灵光殿赋》，直到今天，每隔十年温习一遍，仍然不会遗忘。二十岁以后所背诵的经书，如果搁置在那里一个月，就忘得差不多了。）

读书要趁少年时，少年时代和青年时代读的书最容易记得，这是我们每一个人都有的经验。

以我自己来说，我七八岁的时候在乡下，每到冬天农闲，伯父就把几个本家子弟召集到一起，开一个私塾班，教我们念《三字经》《幼学琼林》《古文观止》。虽然只念了两个冬天，后来因为土地改革而中止，但那时候读的东西我到今天还记得，有些还能背诵，这对我一生影响很大。后来进了学校，上语文课碰到古文，同学们都觉得很难，在我看来却很容易。而且，我特别喜欢这些古文，不仅喜欢背，自己也喜欢模仿着写，课外就以看古典小说为消遣，初中三年，我几乎把所有能借到的古典小说都看完了。我今天能成为一个研究传统文化的学者，最早的基础就是在那个时候打下的。

我在中学时代很喜欢数学，还得过数学比赛的第一名，但十八岁以后就再也没有碰过数学。可直到今天，我都没有忘记代数、几何的基本知识，还可以解一般的代数题、几何题。十八岁那年，我因为家庭成分不好没有考上大学，转而研究文学，一天到晚背唐诗宋词、背古文，这个时候背下的诗词古文也至今都还记得，为我一生读书作文打下了很好的基础。

现在的家长都很重视孩子的外语学习，而记忆力好坏对学外语特别重要。根据我自己的经验，一个再聪明的人，要想精通某门外语，最起码要在十五岁以前就开始学，二十岁以后就不大能学得很好。尤其是口语，三十岁以后再学，就是加倍努力，也不如二十岁以前，几乎就没有办法学好。我十五岁到十八岁念高中时读的是俄文，那时觉得很轻松，还得过全武汉市俄文演讲比赛第一名。三十岁以后才接触到一点英文，完全是自学。后来，三十九岁的时候到美国，才开始真正认真地学英文，真觉得比当年学俄文辛苦得多了。我在美国前后十年，花在学英文上的时间最多，所以至今英文还算是马马虎虎可用。四十二岁那年，我开始学日文，花了两年，虽然通过了考试，但后来一直没有机会用到，现在就差不多忘光了。

所以，教育子女读书，一定要抓紧青少年的时光。颜之推说少年时代人“精神专利”，长大以后就变得“思虑散逸”，这是非常准确的，青少年时代读书事半功倍，中年以后读书就事倍功半了。

我个人还特别主张青少年时代要尽可能多背一点书。古人提倡背诵，四书五经唐诗宋词都要背，许多著名学者很年轻的时候就已经把主要的经典都熟读成诵了。比方顾炎武，据说他十三岁以前就已经把“十三经”（编者注：“十三经”是十三部儒家经典的总称。包括《周易》《尚书》《毛诗》《周礼》《仪礼》《礼记》《春秋左氏传》《春秋公羊传》《春秋穀梁传》《论语》《孝经》《尔雅》《孟子》十三种。）都读完了，而且还能够成诵。近百年来，中国人批判传统，连读书要背诵这个优良传统也完全否定了，一概说成是“死记硬背”，说成是中国教育的弊病，老实说，我对此很怀疑。

就算是死记硬背又有什么不好？记性是智力的基础，记忆是知识的起点，没有起码的死记硬背，学习根本就没法进行，至于研究与创造，那就完全谈不上了。试问，如果一个人连九九乘法表都不能死记硬背住，还有可能继续往下学习数学吗？学文的人如果记不住词语、典故和重要的年代、人物，试问，还将如何下笔、如何研究？

青少年时代读书非常重要，但万一因为种种原因没能好好读书，是不是就应当放弃读书呢？颜之推说：**“然人有坎壈，失于盛年，犹当晚学，不可自弃。”**（不过，凡人总有不得志的时候，如果在青壮年时失去了求学的机会，仍然应当在晚年时加紧学习，不可以自暴自弃。）

青少年时代生活坎坷，失去了读书的机会，年纪大了有了机会，还是应该努力学习，不可自暴自弃。颜之推举了很多古人的例子，比如孔子、曾子、荀子、曹操等人，有的是从小到老学而不倦的，有的是开始较晚但终于有成的，然后总结说：**“幼而学者，如日出之光，老而学者，如秉烛夜行，犹贤乎瞑目而无见者也。”**（小时候好学，就像旭日东升时放出的光芒；到老来才开始学习，就好像手持蜡烛在黑夜里行走，但还是比那种闭着眼睛什么也看不见的人强多了。）

我完全同意他的意见，学习读书是一辈子的事，俗话说“活到老学到老”，真是千真万确的至理名言。现在常常看到有些朋友，青少年时代没有好好读书，成年后虽然后悔，却不愿意继续努力，觉得已经晚了、来不及了，这其实就是颜之推说的“自弃”。英文里有一句话说：“Never too late.”译成中文就是：（任何时候开始做任何事）永远都不会太晚。

这句话说得很对，对读书学习尤其如此。我自己就是晚至三十六岁那年（1978年）才考上武汉大学的研究生。当时亲戚朋友几乎都劝我不要考，觉得没有希望，而且也太迟了，但我坚持要考，因为如果不抓住这个机会，我可能就永远没有机会了。第二年，中美建交，我又申请去美国留学，终于在三十九岁那年（1981年）到了美国。经过十年的艰苦奋斗，我在1991年获得了哥伦比亚大学东亚语言文化系的博士。那一年，我已经满了四十九岁，按传统算法，也已经是五十岁的人了。

五十岁的外国人拿到美国一流大学的文科博士学位，我不知道还有没有别的例子。著名的旅美华裔学者黄仁宇四十八岁的时候拿到了耶鲁大学历史系的博士学位，他是余英时的学生，余先生也是我的老师。如果我在三十六岁的时候不坚持报考武汉大学的研究生，三十九岁的时候不坚持去美国留学，到美国后不咬牙坚持再读十年书，别的不说，肯定是没有今天这样的唐翼明。

我希望我自己的经历能够说服一些朋友，不论什么年纪，只要可能，都可以开始读书，永远不会嫌迟。自己坚持学习，对孩子来说就是一个典范，“学到老”的道理不用多讲，你在做，孩子慢慢就明白了。

当然，年纪大了，记忆力下降，身体也没有年轻时好，学起来当然比年轻时要困难很多，但不要因为困难便不学，学了总比不学好。

已逝的中国科学界巨擘、物理学家、上海大学校长钱伟长先生，就常常把“学到老，做到老，活到老”当作口头禅。他说：“我三十六岁学力学，四十四岁学俄语，五十八岁学电池知识，六十四岁以后学计算机……”

我们常常以为，大家、大师从小就是神童，其实他们毕生都在勤奋学习。

爱因斯坦就说过：“智慧并不产生于学历，而是来自对于知识的终身不懈的追求。”他还说：“在天才和勤奋之间，我毫不迟疑地选择勤奋，它几乎是世界上一切成就的催生婆。”

我们应该记住这些睿智的名言。

第七章

# 掌握学习的钥匙：会读书的孩子更容易成功

在《勉学》篇中，颜之推还谈到了一般人在读书过程中容易碰到的困惑、容易犯的错误，让我们来看看他对这些问题的看法，或许对我们今天仍然有参考价值。

## 一、学会站在巨人的肩膀上："师今"与"师古"

"师今"就是向今人学习，"师古"就是向古人学习，二者都有必要，但一般人常常会重"师今"而轻"师古"。

这也是古今皆有的陋习，对此，颜之推用了很长的一段话来论述："**人见邻里亲戚有佳快者，使子弟慕而学之，不知使学古人，何其蔽也哉？世人但见跨马被甲，长稍强弓，便云我能为将；不知明乎天道，辨乎地利，比量逆顺，鉴达兴亡之妙也。但知承上接下，积财聚谷，便云我能为相；不知敬鬼事神，移风易俗，调节阴阳，荐举贤圣之至也。但知私财不入，公事夙办，便云我能治民；不知诚己刑物，执辔如组，反风灭火，化鸱为凤之术也。但知抱令守律，早刑晚舍，便云我能平狱；不知同辕观罪，分剑追财，假言而奸露，不问而情得之察也。爰及农商工贾，厮役奴隶，钓鱼屠肉，饭牛牧羊，皆有先达，可为师表，博学求之，无不利于事也。**"（人们看到乡邻亲戚中有优秀的人物，就让自己的子弟钦慕们，向他们学习，却不知道，让自己的子弟向古人学习，这是多么愚昧无知啊。世上有人只看到将军骑骏马、披铠甲、挺长矛、挽强弓，就以为自己也能当将军，却不知道了解天时的阴晴寒暑、分辨地理的远近险易、估量形势的逆顺优劣、洞悉国家兴亡盛衰的种种奥妙；只知道当宰相的秉承旨意、指挥下属、积累财富、囤储粮食，就以为自己也能当宰相，却不知道敬奉鬼神、移风易俗、调节阴阳、荐贤举能的种种深奥的道理；只知道当地方官的私财不入腰包、公事及早办理，就以为自己也能治民，却不知道端正自己、为人楷模、治理百姓如驾马车、止风灭火、化鸱为凤的种种方法；只知道管司法的谨守法令规章、早刑晚赦，就以为自己也能平治狱讼，却不知道同辕观罪、分剑追财、用假言诱使伪诈者暴露、无需反复审问就使案情自明的种种洞察力。广而言之，甚至是那些农夫、商贾、工匠、僮仆、奴隶、渔民、屠夫、喂牛的、放羊的，他们中间也都曾出现过有德行学问的前辈，可以作为学习的表率。广泛地向这些人学习，对事业是不无帮助啊。）

乡邻亲戚中的优秀人物是大家都看到的，让子弟向他们学习当然很好，也是必要的。但是，如果以为只要向这些人学习就够了，在颜之推看来，那就有点近乎愚昧。因为，在我们的前人中还有许多更优秀的人物，他们更值得我们学习。

古人的行事和经验总结在书本里，而且通常都提高到了理论的层次，比我们在日常接触中所看到、学到的更深刻。通过书本广泛地向这些优秀的前人学习，才会更有利于我们自己的事业。所以，满足于“师今”而不“师古”，以为耳目经验就可以代替书本理论，这是很多人容易犯的错误。

尤其是今天的社会，信息交流很快很发达，远在天边发生的事情都很快就可以听到、看到，于是很多人就以为读书已经没用了，每天只要读读报纸，看看电视电脑就够了，有些人成年累月不读一本书。整个社会变得愈来愈浮躁，愈来愈浅薄，愈来愈缺乏文化底蕴。这是个严重的危机，对青少年的成长尤其不利。

## 二、读书要端正目的："为己"和"为人"

学习到底是为了自己还是为了别人？这个问题常常令人困扰。我们来看看颜之推是怎么说的：

**"古之学者为己，以补不足也；今之学者为人，但能说之也。古之学者为人，行道以利世也；今之学者为己，修身以求进也。夫学者犹种树也，春玩其华，秋登其实。讲论文章，春华也，修身利行，秋实也。"**（古代的人学习是为了自己，用来弥补自身的不足；现在的人学习是为了别人，只求能说会道，向别人炫耀。古代的人学习是为了别人，实践自己的理想以造福社会；现在的人学习是为了自己，提高自己的学问涵养以谋求仕进。学习就像种树一样，春天可以观赏它的花朵，秋天可以收获它的果实；讲习讨论文章，如同春花，修身养性以利于实践，就如同秋实。）

颜之推在这里告诉我们，问题不在于"为己"与"为人"，而在于抱着什么态度读书。他把读书的态度分为两种：

一种是正确的态度，他称之为"古之学者"的态度。

一种是错误的态度，他称之为"今之学者"的态度。

读书可以是"为己"。但"为己"在古之学者那里，是为了弥补自己的不足，把自己培养成为一个更理想的人；而在今之学者那里，却把读书变成装饰自己、向别人炫耀的途径。这就很糟糕，其结果就像他在前面曾经说过的那样：**"见人读数十卷书，便自高大，凌忽长者，轻慢同列；人疾之如仇敌，恶之如鸱枭。"**（我常常看见某些人读了几十卷书，便自高自大起来，对长者盛气凌人，对同列态度傲慢，别人痛恨他像痛恨仇人，讨厌他像讨厌鸱枭。）这样学习还不如不学。

从另外一个角度看，读书也可以是"为人"。但"为人"在古之学者那里，是为了造福于人，就是把自己变成一个"有道之人"（有道德有本事的人），让这个"道"为人造福，用今天的话来讲，就是"为人民服务"。而"今之学者"却是用学到的知识和本领来谋求一己私利、当官发财，那就错了。

总之，读书既是“为己”也是“为人”，但要明白“为己”是为了真正完善自己，而不是为了炫耀作秀；“为人”是为人民谋福利，而不是向人索取利益。如果是这样，“为人”和“为己”就可以统一起来。

## 三、读书要用力，用力要用对：“博涉”与“专精”

读书到底是博览群书好，还是专精一两本经典好？

这个问题所有的读书人都会碰到，在颜之推那个时代，尤其明显。因为刚刚过去的汉朝是“独尊儒术”的，只要读通一两本儒家经典就足够用一辈子。当时做学问的信条是“通一经”，就是要求学者专攻一种经典，把它读通、读熟。这意思本来不错，但是发展到后来，却造成了过分繁琐的弊病，而且把人读呆了，一辈子就读他那一本书，对世界上的事情都不关心、不懂得。

颜之推在书里引用当时邺下的俗谚说：**“博士买驴，书券三纸，未有驴字”**（博士去买驴，契约写了三张纸，还没有写到一个“驴”字），就是讥笑这种弊病的。

这个问题在现在也尤为突出，只是形式变了。“通一经”变成了“应试”，只顾把头埋在教科书里，应付中考、高考、托福、雅思。这样的结果，就是我们在社会上常常看到的现象：高分低能。年轻人除了能考试，别的什么都做不好。其实，能考高分的人肯定不是愚笨的人，问题在于，他们往往对教科书以外的知识和技能掌握得太少，于是导致了这种落差。

到了魏晋南北朝的时候，风气变了，大家都认为死钻一经是没有用的，读书以博览群书为贵。颜之推在《博学》篇里讲到这一变化时说：

**“学之兴废，随世轻重。汉时贤俊，皆以一经弘圣人之道，上明天时，下该人事，用此致卿相者多矣。末俗已来不复尔，空守章句，但诵师言，施之世务，殆无一可。故士大夫子弟，皆以博涉为贵，不肯专儒。梁朝皇孙以下，总丱之年，必先入学，观其志尚，出身已后，便从文史，略无卒业者。”**（学习风气的兴盛与衰微，随着世道的变迁而变化。汉代的贤才俊士们，都靠精通一部经书来弘扬圣人之道，上则明察天文，下则通晓人事，以此获得卿相之位的人很多。末世的习俗盛行以来，就不再是这样了，读书人都空守章句之学，只知道背诵老师说过的话，如果靠这些东西来处理谋生治世之事，恐怕没有一样是有用的。所以后来的士大夫子弟都崇尚广泛涉猎各种典籍，而不肯专攻一经。梁朝自皇孙以下，在童年时就必定先让他们入学读书，观察他们的志向和爱好，到步入仕途的年龄后，就参与文史的事务，几乎没有人能够把学业坚持到底。）

那么，到底是“博涉”好还是“专精”好呢？颜之推的意见偏向于“博涉”，他觉得，人生光阴有限，把有限的精力耗费在繁琐的考据上是不值得的。读书还是以“致用”为贵，只要抓住要领就好，以便腾出精力来建功立业。不过他又说，如果一个人够聪明，精力够旺盛，既建了功业，又把学问做得很精深，二者兼美，那当然没有话说。

颜之推的结论是：**“夫圣人之书，所以设教，但明练经文，粗通注义，常使言行有得，亦足为人；何必‘仲尼居’即须两纸疏义，燕寝讲堂，亦复何在？以此得胜，宁有益乎？光阴可惜，譬诸逝水。当博览机要，以济功业；必能兼美，吾无间焉。”**（圣人的书籍是用来教育人的，只要能够熟读经文，粗通注文之义，经常能使自己的言行从中得到帮助，也就足以立身为人了。何必对“仲尼居”三个字，就要用两张纸的疏义来解释呢？这里的“居”字指闲居之处也好，指讲习之所也罢，现在又在何处呢？在这种问题上争个你输我赢，难道会有什么益处吗？光阴似箭，应该珍惜，它就像那流水一样，一去不复返。还是应当博览书籍的精要，以成就功业。当然，如果你们能做到博览与专精两全其美，那我就挑不出毛病，无话可说了。）

在“博涉”与“专精”的问题上，我也同意颜之推的意见。除了专门的学者以外，一般人读书还是要以抓住要领为贵，不要太钻牛角尖。常常看到一些家长要求孩子（特别是低年级的孩子）门门都要考一百分，九十九分都不行，这其实不仅没有必要，而且会浪费孩子的精力，使他们只注意死记硬背，而缺乏创造的兴趣和能力。

著名的华裔美籍数学家陈省身给母校学生的劝告就是：不要考一百分。考九十几分就可以了，因为如果一定要考一百分，就可能要在那几分上花去两倍或者更多的精力，这个“性价比”是不合算的。

## 四、获取知识不能靠道听途说：“耳受”与“眼学”

知识有两种：一种是耳朵听来的，就是听别人说的，古人称为“耳受”；一种是眼睛看到的，就是自己读书学习得来的，古人称为“眼学”。我们一般人的知识都由这两部分构成，两种都有必要。

“耳受”的知识往往是口口相传，其中虽然也有确实的知识，但往往难免也有不大可靠的道听途说；而“眼学”的知识是自己看书得到的，一般比较可靠，除非书本本身有误。所以，在自己说话、写文章的时候，如果要援引这些知识，尤其是引用典故，一定要引“眼学”的，不可引“耳受”的。

颜之推告诫子孙说：**“谈说制文，援引古昔，必须眼学，勿信耳受。”**（谈话写文章，援引古代的事物，必须是自己亲眼看到、学到的，不能是耳朵听来的。）

当时，江南的很多士大夫不肯亲身读书学习，又羞于被人视为没有学养，就用一些道听途说来的东西装饰门面。颜之推列举了很多这样的笑话，比如有人把“荆州”说成“陕西”。有些笑话，因为时代不同，今天的人可能听不懂了，我就不再多引述。但他说的这个“不要轻信耳受”的原则，我是同意的。

现在，还是有许多人在说话、写文章时，往往太相信或太依赖“耳受”的知识，又不肯花工夫去查一查出处，结果辗转相传，一人错了，大家都跟着错。尤其是在今天这个信息发达的社会，从网络上可以得到许多资讯和知识，但其中不少东西是属于“耳受”一类的，我们在使用时要特别注意分辨。

## 五、打开门来读书："独学"与"切磋"

学习要重"眼学"，而不可轻信"耳受"，但这并不等于说，我们应该关起门来一个人独学，如果有好学、饱学的朋友一起切磋，那其实是更有利于学习的。

颜之推引了古人的话来讲：

**"书曰：'好问则裕。'礼云：'独学而无友，则孤陋而寡闻。'盖须切磋相起明也。见有闭门读书，师心自是，稠人广坐，谬误差失者多矣。"**（《尚书》上说："喜爱提问就能知识充裕。"《礼记》上说："独自一人学习而没有朋友之间的共同讨论，就会孤陋寡闻。"因为学习是必须互相切磋、互相启发才能明白的。我就见过有的人闭门读书，自以为是，而在大庭广众之下却经常出差错、谬语连篇。）

学问学问，既要"学"也要"问"，所以跟朋友讨论切磋是必要的。有些人读书没有读懂，又不虚心问人，结果不懂装懂，自以为是，闹了笑话还不知道是怎么闹的。颜之推就举了好些这样的例子，因为是古代的事，今天不好懂，我这里就不说了。

其实在我们自己和周围人的身上都可以看到同样的例子，不过今天的学习环境比古代好多了，现代学校的制度大大减少了古代那种"闭门读书"的现象。今天的青年有很多的同学和朋友，要跟别人讨论问题是很容易的事。但是，还是存在着"善于"和"不善于"利用这个环境的问题，有些人一天到晚跟一些不学无术的三朋四友在一起侃大山，不着边际地神聊，胡吹乱吹，这就跟切磋学问扯不上边，只是浪费时间而已。

所以做家长的特别要教导子女，要交有益的、有学问的朋友，在一起要谈有意义的问题、能增进知识的问题，这样才对子女有益。

《勉学》篇是《颜氏家训》二十篇中最长的一篇。颜之推在《勉学》篇中谈到的问题还有很多，讲了很多有趣的人和事，可以说是他那个时代跟读书和学术有关的掌故，这些事例或者时过境迁，或者太专门，已经不能作为今天的案例参考。但本章中结合颜之推的观点所谈的道理，依然还是适用的。

# 第八章

# 怎样去做人：好名声是如何建立的

人都想出名，俗话说："雁过留声，人过留名。"人过一辈子一点名声都没有留下来，总是一种遗憾。

东晋时有个桓温，跟谢安同时代，是个很有野心的人，曾经三次率军北伐，可惜没有成功。《世说新语》上记载了他很多故事，《尤悔》篇中有一条说，有一天，他躺在床上，当着自己的幕僚大发感慨，说，我们这样无所作为，恐怕会被司马师、司马昭笑话呢。然后突然一翻身坐起来，又说，大丈夫如果不能流芳百世，难道遗臭万载也做不到吗？"遗臭万载"这个成语就是这样来的，可见桓温这个人留名的心有多么强烈。

桓温的话也告诉我们，出名有两种，一种是好名，一种是坏名。做父母的当然希望子孙留好名而不是留坏名，所以颜之推特地在家训中写了《名实》一篇，来说明一个人要立什么样的名，怎么才能立令名（美名）于世，在求名的问题上要避免哪些错误的做法。

这些意见在今天看来仍然有警世的价值，我在《名实》篇的基础上提出了一些要点，结合今天的社会现象，来谈谈我的看法。

## 一、做好人，做好事：修善以立名

出名之心既然人皆有之，所以圣人因势利导，鼓励人追求令名。孔夫子就说：

"君子疾没世而名不称焉。"又说："四十五十而无闻焉，斯亦不足畏也矣。"儒家主张设立种种名分、名誉、名号、名节，鼓励人们去追求，就是"制名以为教"，简称"名教"。

不过，中国传统思想中也有反对"名教"的一派，那就是道家。道家认为，"名教"是人为的，会造成虚伪，不如顺其自然（顺其自然，就是回到"无名"状态，"无名"就是不人为地以名来制造差别）为好。所以，魏晋时曾经有一个著名的哲学上的争论，叫"名教与自然之辩"，这个问题比较抽象深奥，牵涉面太广，我就不介绍了。颜之推在《名实》篇中就假设了一个道家的质疑：

**"或问曰：'夫神灭形消，遗声余价，亦犹蝉壳蛇皮，兽远鸟迹耳，何预于死者，而圣人以为名教乎？'"**（有人问道："人在灵魂湮灭和形体消失之后，留下的名声也就不过像蝉蜕的壳、蛇褪的皮、鸟兽的足迹一样，与死者有什么相干？圣人为何还要以'名'来推行教化呢？"）

这个人说"名"不过是蝉蜕的壳、蛇留下的皮、鸟兽的足迹，没什么用，这就跟庄子说的"名者，实之宾也"（《逍遥游》）是一个意思。"实"是主体，"名"不过是陪衬，"实"都不存在了，还要"名"做什么？而颜之推回答说，"名"的作用在于"劝"：**"劝其立名，则获其实。"**"劝"就是勉励，"劝其立名"就是勉励人们追求好的名声，效仿好的榜样。"名"虽然是"宾"，但"劝人立名"，就可以得到"名"所指示的那个"实"。

颜之推以几个人为例来说明了这一点。

第一个例子是伯夷，这是一个非常廉洁有骨气的人。他和他的三弟叔齐是商朝末年孤竹国的王子，父亲想把位子传给叔齐，伯夷就自动出走，让父亲好实行自己的意志；叔齐却认为自己不应该继位，也自动出走，结果孤竹国的人只好拥戴老二做了国王。当时是商纣王的时代，社会非常混乱，兄弟二人逃到海边，想等到天下清平再出来。后来听说周武王起来反对纣王的统治，便跑来投奔周武王。但是，他们却不赞成周武王用暴力的方式来推翻商朝的统治，认为这是"以暴易暴"，跟他们施行"仁政"的主张不同。周武王当然不听他们的，结果兄弟二人逃到首阳山，决定“不食周粟”（就是不吃周朝的粮食），只吃首阳山上的野菜。后来有人问他们，说这野菜不也是周朝的吗？他们两个一想也对，就干脆连野菜也不吃，最终饿死了。

颜之推说，如果勉励大家学习伯夷的榜样，立清廉之名，这样天下就会形成清廉的风气了。

第二个是季札，季札是春秋时吴国的公子，封于延陵，所以又称为“延陵季子”。他有几次有机会继承王位，却都推辞了。他跟孔子同时代，是连孔子都推崇的一位最讲礼仪的仁人。季札也是一个极讲诚信的人，有一个著名的故事叫“延陵挂剑”，就是说他的。有一次，季札出使晋国，路过徐国，身上带着一把价值千金的宝剑。徐国的国君非常欣赏，嘴里没说，但季札看得出来徐君很想要这把剑，便在心里许诺把这把剑赠给徐君，只是现在使命在身，不可不带剑，他准备完成使命返国途中再送这把剑给徐君。但当他回来时，徐君已经死了，他就把剑献给徐君的儿子，徐君的儿子说，父王没有这个遗嘱，我不敢收受你的剑。但季札认为，如果他不把这个心里已经许诺徐君的剑送给徐君，那就是不遵守自己心中的诚信，就是“欺心”。于是，他走到徐君的墓前，祭奠一番，把剑挂在墓旁的树上，就走了。

颜之推说，劝勉大家以季札为榜样，立“仁德诚信”之名，整个社会就会形成“仁德诚信”的风气。

第三个是柳下惠。他是春秋时期鲁国的大夫，这个人很正直很有道德，在男女问题上尤其作风正派，用古人的话讲就是“贞节”。据说有一天，他在一个庙里避雨，一个女子进来，全身都打湿了，冻得直打哆嗦，他便让那女子坐在自己的身上，用衣服裹住她，但自始至终没有做出任何“性骚扰”的动作。所以有个成语叫“坐怀不乱”，就是讲他的这件事。

颜之推说，号召大家学习柳下惠，立“贞节”之名，这样整个社会就会形成“贞节”的风气了。

第四个人是史鱼，是春秋时卫国的大夫，担任史官，为人非常正直，国君如果有不对的地方，他敢于直谏。当时卫国国君宠爱男宠弥子瑕，史鱼屡次进谏，叫卫君疏远弥子瑕，进用贤者蘧伯玉，但是始终无效。史鱼临死之前，叫儿子停尸不葬，说："我生前没能匡扶君王，尽到自己的责任，所以没资格安葬。"卫国的国君到他家里吊唁，看到史鱼没有安葬，就问他的儿子，儿子就把父亲的话转告给国君，国君幡然悔悟，这就是有名的"史鱼尸谏"的故事。后来有不少忠臣仿效史鱼，"武死战，文死谏"成为传统时代忠臣的最高标准。孔子称赞史鱼说："直哉史鱼！邦有道，如矢；邦无道，如矢。"（《论语·卫灵公》）就是说，不管国君有道无道，他都正直得像一根箭一样，不会弯曲自己来迎合君王的错误。

颜之推说，勉励大家向史鱼学习，追求"正直"之名，那么整个社会就会形成"正直"的风气了。

颜之推认为，"名教"的作用就在于，利用人们的慕名之心来劝导人们做好事：**"四海悠悠，皆慕名者，盖因其情而致其善耳。"**

这话对不对呢？应该说是对的，我们今天的社会也有种种的"名号"，如"战斗英雄""劳动模范""三八红旗手""技术标兵""三好学生""优秀教师"，以及种种的"先进集体"，不都是用"名号"来鼓励大家做好事、为人民服务、为社会做贡献吗？

种种"名号"也就是种种榜样，利用人们慕名、好名之心，鼓励他们来向这些榜样学习，社会风气也会跟着变好，这不是很好吗？对孩子来说，好好学习，得个小红花、奖状、优秀干部，这些"名"，即"荣誉感的召唤"，不也是孩子向上的动力吗？

湖北有个长江大学，在荆州，是个新办的大学。2007 年 1 月 22 日，有一位七十六岁的老人在长江边洗衣，不慎落入江里，该校学生赵传宇不顾危险，和衣跳进湍急寒冷的江水中，把老人救起，姓名都没留下就回学校去了。几个月后，老人找到学校，大家才知道这件事。湖北省委高校工委、省教育厅发文表彰赵传宇为"湖北省优秀大学生"。荆州市人民政府也发文表彰他为"优秀大学生""优秀共产党员"。不到三年，2009 年 10 月 24 日，该校出了另外一件更为动人的救人故事，一群大学生为了抢救两名落水少年，纷纷跳进水流湍急的长江中，两名少年被救起，而三位学生陈及时、何东旭、方招却献出了自己的宝贵生命。这件事轰动了全国，团中央、全国青联追授他们为"中国青年五四奖章集体""全国优秀共青团员”。

为什么长江大学会先后出现这么多舍己救人的英雄人物呢？这就是榜样的作用，也就是“名教”的作用。当然，我们要教导孩子爱惜生命，但也要看到，在“名”的激励下，能让人产生很大的勇气和力量。“名”能使平凡人变成英雄，也能使资质平庸的孩子发掘出更多的潜能。

颜之推鼓励自己的子孙要“**修善立名**”，而且把“修善立名”比作“**筑室树果**”，好比盖房子栽果树，“**生则获其利，死则遗其泽**”，生前自己得到好处，死后还可以荫庇子孙。但“名”是用来“劝善”的，要“立名”必须先“修善”，这样才能达到“名教”的目的。如果不懂得这个意思，把“名”和“实”分开，把“立名”和“劝善”分开，只单方面求“名”，为了求“名”不择手段，那就会适得其反。

## 二、好名声要直中取：不可作假窃名

《颜氏家训·名实》一开头就分析“名”与“实”的关系，颜之推说“名实”关系就好像影和形的关系，先有形，然后有影，有什么样的形，才有什么样的影，形美影才美。没有美形却要美影，自然是不可能的。所以一个人要有好的“名”，归根结底是要有好的“实”。成语说“实至名归”，就是说有了好的“实”，好的“名”自然跟着就来了。

什么是好的“实”？中国古语说：“太上有立德，其次有立功，其次有立言。”“立德”“立功”“立言”，这三者都是可以泽被万民、流传万古的事，一个人如果在这三个方面的任何一个方面能够有所建树，则身虽死而名不朽，所以合称为“三不朽”。这样的“名”就是名副其实的“名”。

但是在实际社会生活中，有不少的人在“德”“功”“言”三个方面并没有什么建树，却又想出名，怎么办？于是就走邪路，用不正当的手段去窃取名声。

大家想必都读过钱钟书先生的长篇小说《围城》。《围城》的主角方鸿渐在国外留学，不好好读书，成天鬼混，到了毕业的时候却又想有个博士的头衔，于是就向一个什么“克莱登大学”——其实是一个莫须有的学校，花钱买了一个假文凭，还自己骗自己，说是为了孝顺父母。这是小说，方鸿渐只是钱钟书笔下虚构的一个人物，大家读了也只是一笑了之，没想到现实中还真有这种人物。

某一位在企业界颇成功也颇有名气的人，写了一本书叫《我的成功可以复制》，却被别人揭穿他的博士头衔是假的，是一个叫做“美国西太平洋大学”的学校发的。而这个“西太平洋大学”竟然是一个和“克莱登大学”差不多的野鸡学校，这位老兄的博士文凭也像方鸿渐一样是买来的。

其实假文凭虽然可恶，但现实生活中还有比假文凭更恶劣的事，例如卖官鬻爵，古代有，今天也有，而且屡见于报端。请问，用钱买来的官，岂不比用钱买来的假博士文凭更恶劣许多吗？

用这样的手段来取得名声叫做“窃名”。颜之推在《名实》篇里说：“**上士忘名，中士立名，下士窃名。**”就是说在出名的问题上有三种情形：一种是根本不把出名当作自己的目的，而他的言行却“体道合德”，也就是自然合乎天道和社会的需要，这样的人不求名，却自然有名，这是上等；其次是有心立名，自己“修身慎行”，也就是让自己的言行努力合乎社会道德的标准，最终在“德”“功”“言”三方面有所建树，得到了良好的名声，这是中等；还有一种人就是我们前面说的“窃名”，这是下等。

我们父母在教育子女时，要反复告诉子女，人人都想出名，出名没有什么不好，但是要通过正确的途径出名，出“真名”“实名”；而不可用不正当的手段窃取名声，那样的名是“假名”“虚名”，最终总会被揭穿，轻则出乖露丑，重则身败名裂，决不可心存侥幸。

## 三、过度包装自己是有害的：不可造名过实

“窃名作假”是没有“实”，“名”是假的、空的。在求名的问题上还有一种情形值得警惕，就是并非完全没有“实”，但是被夸大、被修饰得太厉害了，结果弄得名过其实。这种“名”，虽然不完全是假名，却是吹出来、造出来的，像肥皂泡、棉花糖一样，我们姑且称之为“造名”吧。现在社会上尤其是娱乐圈

中非常流行的所谓“炒作”“包装”，就是一种典型的“造名”。

这种情形也是古已有之，只是于今为烈罢了。颜之推在《名实》篇中就告诫子孙，要注意避免这种“造名”的情形。

他举了一个例子，说有一个士族出身的人，读书并不多，也没有什么才能，但是家里很富裕，自己也很附庸风雅，平常总是以酒食礼物结交名士，这些名士便替他吹捧，弄得朝廷还以为他很有文采，甚至还派他出使外国。他写的那些诗文，往往都是别人替他捉刀或者润色过的。当时，有个贵族叫韩晋明，怀疑他其实并不怎么样，有一次举行酒会，故意测试他，让他当场做诗，果然诗做得很差，一时流为笑谈。

颜之推还谈到当时有些人帮子弟“治点”（就是修饰润色的意思）文章，供子弟向人炫耀，为子弟博取名声，这当然也是一种“炒作”。颜之推说，替子弟“治点”文章是一种“大弊事”，也就是很坏的习惯，叫子孙千万不可仿效。子弟的文章如果做得不够好，要给他指出毛病，让他改善，而不是替他润色修饰。因为润色修饰的部分毕竟不是子弟自己写的，你帮他润色修饰一次，没办法帮他润色修饰一生，总有一天会露出马脚来，到时候就会被人看不起了。还有，你帮助子弟习惯了，会让他产生依赖心理，不去自己精益求精，结果永远没有办法把文章写好。如今，也有很多做家长的巴不得自己的孩子早日成名，帮孩子改文章、改歌词去参加比赛，这样的家长应该想一想颜之推的话。

“造名”比“窃名”当然略胜一筹，但毕竟不是正派作风。明明只有三分、五分，却说成七分、九分，至少是一种浮夸，这样得到的名声是浮名、虚名、过实之名。今天社会上炒作之风、互相吹捧之风、夸大不实之风相当流行，“大师”“专家”的帽子满天飞，已经快到“习非成是”的程度。很多人不以炒作、吹捧为耻，甚至认为这是成名的必由之路，这实在令人忧心，不能不引起全社会的警惕。

## 四、对名声的追求要有节制：不可贪名不已

想出名是人之常情，真正“忘名”的“上士”是凤毛麟角，所以前人说：“三

代以上惟恐好名，三代以下惟恐不好名。”

如果人人都不好名，不在乎自己名声的好坏，那是更可怕的事。但是有的人好名太甚，变成贪名不已，这样就会弄巧成拙，反而露出了自己的虚伪，这是特别值得警惕的。

颜之推在《名实》篇里举了一个例子，说当时有一个有名的大官，向来以孝闻名，父母死的时候他非常哀痛，做得比儒家的丧礼规定还要更甚，大家都说他很有孝心。但他生怕人家看不出来，居然用巴豆涂脸，使脸上长疮，表示哭得很多。不料这件事被仆人看到，传了出来，结果，大家对他以前的孝顺全部都不相信了。颜之推说这是**“以一伪丧百诚”**，就是一次做假而毁了前面一百次的真诚，因此告诫子孙：**“巧伪不如拙诚。”**就是说，做人宁可诚恳到显得笨拙，也比巧妙的伪装来得好。

贪名有时候表现为求名过分，做好事超过自己的能力，结果难以为继。

颜之推举了一个例子，说当时有一个年轻人，被任命为襄国县令，做事颇努力，常常救济百姓，希望获得好的名声。每次派遣本地男丁服兵役，他都要亲自握手送行，还要送些糕饼点心，大家都对他赞不绝口。后来他升了官，做了泗洲别驾，泗洲比襄国县大，服兵役的男丁自然更多，这样，买糕饼点心的费用也就越来越多，终于让他负担不起，只好停止。结果他前面做的好事都被人怀疑是虚情假意，反而把名声给毁了。

总之，求名也跟求利一样，本是人生常态，但也要守中庸之道，要掌握一个分寸和限度，不可求之不已，不可过分，过分就会害实，反而变得虚假。我曾经作过一副对联，或许可供大家教育子女时作为参考：

钱够用即可，多多未必善；

名有闻足矣，皦皦则易污。

# 第九章
# 处世要务实：脚踏实地才能走上坦途

中国传统文化讲究"以人为本"的务实精神，儒家思想尤其如此。孔子说，自己的人生理想是"修己以安百姓"。在他心目中，最伟大最了不起的人，就是"博施于民而能济众"的人，像尧、舜、禹、周公那样，这基本上也就是传统中国知识分子所崇仰的人生目标。

颜之推的思想主要是儒家，所以他谆谆告诫子孙处世要务实，不可一天到晚高谈虚论，不切实际，迂诞浮华，不懂世务。他在《颜氏家训》中专门写了《涉务》一篇，提出了很多有益的意见，也举了一些反面的例子，今天读起来还是发人深省，下面我们就从《颜氏家训·涉务》中提取一些观点来加以讨论。

## 一、责任感是立身之本：人生处世贵能有益于物

中国传统文化以儒家思想为中心，强调一个人对他人的责任、对社会的责任，用现代语表达，就是强调为人民服务。

所以，颜之推在《颜氏家训·涉务》一开头就说："**士君子之处世，贵能有益于物耳**。"这里的"物"不是物体，而当"人"讲，是"人物"的"物"。"有益于物"，就是有益于人，也就是有益于社会。在颜之推看来，一个人就算是读了不少书，但成天只是"高谈虚论，左琴右书"，无益于他人，无益于社会，这样即使有一官半职，也只不过是浪费"人君禄位"（"禄位"用今天的话来讲就

是工资和级别）而已。

他强调，一个读书人必须有某一方面的专长与能力，才能够真正为君王分担忧劳，为社会尽到责任。他提到了具备这种专长与能力的六种人才，一是“朝廷之臣”，二是“文史之臣”，三是“军旅之臣”，四是“藩屏之臣”，五是“使命之臣”，六是“兴造之臣”。他说的“朝廷之臣”，也就是今天的政治组织人才（特别是中央领导干部），“文史之臣”就是文化学术人才，“军旅之臣”就是军事人才，“藩屏之臣”就是地方干部，“使命之臣”就是外交人才，“兴造之臣”就是经济建设人才。颜之推说，一个士君子总要在以上六个方面的某一方面做到学有专长，再加德行可靠，才是一个对国家、社会有益的人。

今天的社会结构变化很大，但国家所需要的人才基本上还是这六大类，只是分得更细罢了，每类之下又可以分出很多的小类。现在大学的各种学科就是对应这些更细的分工而设置的。所以颜之推的话在总体精神上仍然是对的，我们教育子女无非就是教育他们成为对国家、对社会有用的人才。以上所说的六大类（或现在分得更细的小类）的人才，只要是学有专长，都是对国家有用的人才。

但是，颜之推没有谈到却常常困扰我们家长的，往往是这样的问题：具体到我的子女，究竟要把他们培养成哪一类的人才最好？

我做了一辈子的老师，每到高考之前，就会有学生和家长来征求我的意见：到底报考什么系好？我的回答都是一条：你（或你的孩子）喜欢什么就报考什么。但他们往往不满意我的回答，我知道他们心里所想的是，目前到底哪个科系最时髦、最抢手，毕业后最有出路、最好找工作、工资最高？

不能说他们没有考虑到国家和社会的需要，但他们考虑的重点显然是谋职，或者说得直白一点，就是“糊口”问题。我要很坦白地说，在培养自己或子女成为哪一方面的人才这个问题上，“糊口”不应该成为我们考虑问题的主要出发点，虽然人活在世界上不能不考虑这个问题。

鲁迅说，人在世上第一是求生存，第二是求温饱，第三是求发展。“糊口”只解决了生存和温饱的问题，但人要活得快乐，而且对他人、对国家和社会有益处，必须达到发展的层次才有可能。一个人要达到发展的层次，我觉得主要是要实现自我，把上天所赋予你的才能和潜力施展开来。只有在施展中，你才能找到人生的快乐和意义，一个人只有找到了人生的快乐和意义，才有可能造福他人，对国家和社会有益。

所以，一个人向哪个方向发展，最后成为哪一类人才，思考这个问题的根本的出发点应当是自我的兴趣与天赋，而不是迎合时髦，不是为了"糊口"。说到这里，我讲一个故事给大家听。

我在台湾教大一国文时，曾经有一个会计系的学生，国文成绩非常优秀。每次上我的课，她都早早来到教室，坐在前排，极有兴味地听我讲课，课间总是替我擦黑板、倒茶添水。我没法不注意到这个漂亮、聪慧的女孩，有一天忍不住问她："你喜欢做会计吗？"她说："不喜欢。"我说："那你为什么要读会计系呢？"她说："我姐姐是会计系的，爸爸、妈妈、姐姐都让我读会计系，说毕业后好找工作，收入稳定。"我说："你读大学就是为了找份稳定的工作吗？如果你不喜欢会计，而这一辈子都要当会计，你不会觉得后悔吗？"她默然，眼睛里是很困惑、很无奈的表情。

期末了，有一天上课，她突然蹦蹦跳跳地跑过来，满眼洋溢着欢快的神采，说："老师，我请你吃糖。"我很奇怪，问她有什么喜事，她说："我申请转系成功，下学期就进中文系了，老师，你不替我高兴吗？"我说："当然高兴。"然后我请她吃了中饭，她跟我讲了很多她的家事和小时候的故事，以及她自己的理想。这个孩子转到中文系后一直很快乐，表现很出色，毕业后又考进研究所，读完了硕士和博士，拿到学位后，在一家大学任教，现在已经是正教授了。她一直同我保持联系，常常说的一句话是："老师，我真感谢你，不然我这一辈子都在糊口。"

这个故事告诉我们，把"谋职"与"糊口"作为选什么科系、向什么方向发展的根据，实在是我们（包括学生与家长）常常容易犯的一个错误。如果我们把人生目标只锁定在"谋职"与"糊口"上，看似聪明，其实是很悲哀的。如果一个人一生只是在"谋职"与"糊口"上打转，不仅自己找不到人生的快乐和意义，也无法真正做到有益于他人和社会（也就是颜之推所说的"有益于物"）。实现自我与"有益于物"，两者看起来相反，实际上却相成，相反而相成，这就是辩证法。对自己负责的人，才会对社会、对他人负责。

## 二、求真求实是发展之道：要戒迂诞浮华之弊

颜之推强调人生在世要“有益于物”，所以，他对那些一天到晚只知道高谈阔论而无实际办事才干的人很不满意。他说这些人平时“**品藻古今，若指诸掌**”，就是说他们谈古论今，好像指着手掌讲话一样容易，一副什么都明白都清楚的样子，但“**及有试用，多无所堪**”，而一旦真有什么事情要用到他，往往就出乖露丑、束手无策了。

他用八个字来批评这些人，说这样的知识分子是“**迂诞浮华，不涉世务**”。所以，他特别把这一篇定名为《涉务》，就是告诫子孙处世要务实，要懂得“世务”。所谓“世务”，就是“应世经务”，“应世”就是能适应时代与社会的要求，“经务”就是有能力处理实际的事务。

颜之推为什么会特别强调务实呢？这跟他所处的时代和经历有关。魏晋时代最大的特点就是士族阶级的兴起，这个阶级的兴起对中国古代精神文明的发展起了巨大的推动作用。但是，士族阶级垄断了社会、政治、文化、经济和几乎所有的资源，过着十分优裕的生活，使得这个阶级很快就走向腐败。士族子弟凭借祖先跟家族的荫庇，穿得好吃得好，什么都有奴仆服侍，自己只管当老爷，甚至连马都不会骑。

《涉务》篇中谈到梁世士大夫时有一段说：

“**梁世士大夫，皆尚褒衣博带，大冠高履，出则车舆，入则扶侍，郊郭之内，无乘马者。**”（梁朝的士大夫，都喜好宽袍大带、大冠高履，出外就乘车坐轿，回到家里有僮仆服侍，在城郊以内，没有骑马的。）

颜之推提到，有个人叫周弘正，此人是当时著名的文人和清谈家。宣城王很赏识他，送他一匹可爱的小种马，这种马只有三尺高，骑着它可以在果树下行走，所以称为“果下马”。周弘正很喜欢，就常常骑它，居然“举朝以为放达”，就是说，所有的朝官都认为周弘正骑“果下马”的行为是“放荡不羁”。“放荡不羁”

就是不守礼节，换言之，文官不骑马才是当时合乎礼节的行为。

他还讲了一个很好笑的故事，说有个人叫王复，是当时的建康令，也就是首都市长，生性儒雅，从来没骑过马，见到马匹嘶叫跳跃，就心惊胆战，对人说："这明明是老虎，怎么叫做马呢？"见到马像见到老虎，这样的人还能打仗吗？所以，一碰到战乱，他们就狼狈不堪，连逃命的本事都没有：

**"及侯景之乱，肤脆骨柔，不堪行步，体羸气弱，不耐寒暑，坐死仓猝者，往往而然。"**（到侯景之乱时，这些士大夫肌肤柔嫩，筋骨脆弱，受不了步行；气血不足，体质羸弱，耐不得寒暑。在突然的变乱中坐以待毙的多得是。）

颜之推一生经历过三次亡国之灾，亲眼看到士族阶级的无能与腐败，所以，他教导子孙要深以为戒。

我觉得我们今天做家长的也要警惕这个问题。

近三十年来，中国经济发展非常迅速，物质生活水准提高很快。我记得，三十年前我赴美留学的时候，大家生活还非常穷苦，吃饭凭粮票，穿衣凭布票，物资极为缺乏。我当时住在武汉市，一家三代六口，只住一个十六平米的小房，一个月的工资，夫妻两人加起来才八十多块。每个月到最后几天，总是连买菜的钱都没有，只好把家里的破瓶子、烂鞋子、废报纸拿去卖掉，买几块腐乳、咸菜凑合着度过那几天。而我们这样的情况在当时还不算差的。那个时候，一般人家都没有电话，没有电视，没有空调，没有冰箱，街道上连一辆私家车都看不到。

2008年我从台湾退休回国，发现情况简直起了翻天覆地的变化。现在，武汉街上的私人汽车已经多到常常塞车的地步了。好几次，我在上下学的时候经过一些小学、中学的门口，都看到排成长龙的名牌汽车，在等着接送学生。想起自己青少年时代的境况，真觉得有"天上地下"之别。

我一方面很高兴祖国的进步，人民生活的改善；另一方面也免不了担忧：我们的家长对孩子过分宠爱，连上下学都要专车接送，将来万一遇到难关甚至灾荒，他们能够过艰苦的生活吗？如果碰到了战争怎么办？能上前线拼命吗？我们现在好些"富二代"，比起颜之推所说的"肤脆骨柔，不堪行步，体羸气弱，不耐寒暑"，恐怕是犹有过之吧。

## 三、走出温室是成熟之路：要了解社会，知道民生疾苦

现在人们的生活水平提高了，青少年的生活质量一般都很好。家庭富裕的自然不必说，条件一般的，父母往往宁可对自己苛刻一点，也要让孩子生活得好一些。怜子之心，人皆有之，但如果让孩子始终是这样待在温室里成长，对他们并不是有利的。

生活优越的人，往往高高在上，不懂得民间疾苦，在和平时代尤其如此。有一首大家都熟悉的古诗说："锄禾日当午，汗滴禾下土。谁知盘中餐，粒粒皆辛苦？"（李绅，《悯农》）

还有一首古诗说："昨日入城市，归来泪满襟。遍身罗绮者，不是养蚕人！"（无名氏，《蚕妇》）

又有一首说："江上往来人，但爱鲈鱼美。君看一叶舟，出没风波里！"（范仲淹，《江上渔者》）

这几首诗都说的是同样的情形：享受者往往不是劳动者，因此常常不懂得劳动者的艰辛。所以，亲身经历过艰难、有远见的人，往往担心成长于富贵中的子孙，怕他们不懂得珍惜艰辛劳动所换来的成果，反复叮咛告诫。唐太宗在《戒皇属》中就说："每著一衣，则悯蚕妇；每餐一食，则念耕夫。"后来明朝的朱柏庐在《治家格言》中也说："一粥一饭，当思来处不易；半丝半缕，恒念物力维艰。"颜之推虽然出身大士族，但是身经多次战乱，面对士族子弟不知民间疾苦，特别是不知稼穑之艰难，他深有感触，说：

**"夫食为民天，民非食不生矣，三日不粒，父子不能相存。耕种之，茠**(同"薅")**鉏**（同"锄"）**之，刈获之，载积之，打拂之，簸扬之，凡几涉手，而入仓廪，安可轻农事而贵末业哉？"**（民以食为天，没有饭吃则不能生存，三天不吃饭，即使是父子之间也顾不上问候了。耕地、播种、除草、收割、运载、脱粒、扬谷，

经过好多道工序，粮食才进入仓库，怎可轻视农事而贵重商业呢？）

“民以食为天”，这是千古不易之理，饭吃不饱，就一切都不要谈。颜之推说“三日不粒，父子不能相存”，这是很沉痛的事实。这句话的意思是说，三天不吃饭，哪怕是父子这样亲的人都不能互相温存照顾（“存”在这里是“温存”的“存”，不是“存在”的“存”），何况其他人呢？大灾荒时代，人吃人的事情都会发生。即使在风调雨顺的时候，农民种点粮食也是多么辛苦啊！从犁田、插秧，到薅草、锄苗，到收割、运送，到打谷、簸谷，不知道要经过多少道工序，才能把粮食收到仓里啊。但是承平日久，衣食丰裕之后，很多人就会忘记农民的辛苦，尤其是上层阶级过着悠闲生活的人。颜之推看到当时的士族完全不懂稼穑之事，非常沉痛地写下了这样一段话：

**“江南朝士，因晋中兴，南渡江，卒为羁旅，至今八九世，未有力田，悉资俸禄而食耳。假令有者，皆信僮仆为之，未尝目观起一坺土，耘一株苗；不知几月当下，几月当收，安识世间馀务乎？故治官则不了，营家则不办，皆优闲之过也。”**（江南朝廷的士大夫们，随着晋朝的中兴，渡江南来，最终寄居于此，至今已有八九代了，还从未下力种过田，全靠俸禄过活。即使有种地的，也都是靠僮仆干的，自己从未目睹翻一块地，种一株苗；不知道哪个月应当下种，哪个月应当收获，又怎么知道世上其他的事务呢？所以他们当官当不好，治家也治不好，这些都是生活过于悠闲所带来的过错啊。）

有一个著名的笑话，也发生在晋朝。晋武帝司马炎的儿子司马衷（即晋惠帝）当皇帝的时候，晋朝发生了“八王之乱”，司马家的八个王都想争夺王位，你杀我、我杀你，先后十多年天下不得安宁，又碰到天灾，老百姓饿得没有饭吃。有人向晋惠帝报告，说农村饿死了很多人。晋惠帝居然问报告的人，那些人没饭吃，“何不食肉糜？”“肉糜”就是瘦肉稀饭，就是广东人、香港人很喜欢喝的瘦肉粥。

没有饭吃，就吃瘦肉粥啊，你看这位晋惠帝回答得妙不妙？

在他看来，不吃饭就喝粥，粥里还可以放肉，这些人怎么笨得让自己饿死呢？

“何不食肉糜”这句话就成了千古笑谈。当然，晋惠帝脑袋是有些毛病，以今天的医学来看恐怕是个“弱智”或者“脑残”，但他说“何不食肉糜”，并没有说“何不吃泥巴”，可见并不完全是白痴。他的话其实还是有现实基础的，因为他长在深宫，从来只吃饭和肉糜，完全不知道外面是什么样子。

如果今天报纸上说，某地建筑工人因在高温下工作，中暑而死，会不会有人问：“他们怎么不开空调呢？”别笑，这样的弱智问题也许不会真有，但类似的不知民间疾苦的事情却不是不可能发生。

现在社会变了，城里长大的孩子往往不知道米是长在稻上，也不知道稻是长在田里，只知道米是从超市里买来的，这实在也不算稀奇的事。今天越来越多的人，尤其是三四十岁以下的人，没有经过战争，没有挨过饥饿，物质不虞匮乏。许多独生子女、富二代，更是娇生惯养长大的。

读读颜之推上面说的那些话，对我们大家都是一个警告。今天的父母教养孩子，实在很有必要让孩子们有机会看到民间疾苦，看到体力劳动，看到比自己穷苦的人怎样在辛苦谋生。如果只是一味宠爱，把孩子养在温室里，终有一天你会发现，你的孩子也会成为颜之推所讥笑的那种人。

世上之事是难以预料的。我们不能保证明天不会发生第三次世界大战，我们不能保证唐山大地震、汶川大地震不再出现，我们不能保证20世纪60年代初那样的大饥荒不再发生，更不能保证“非典”（SARS）甚至更大的饥荒疾疫不会再度流行。如果这些不幸降临，你希望你的孩子能够勇敢面对，杀出一条生路，还是手足无措，“坐死仓猝”呢？

第十章

# 做事的总原则：领悟中庸的力量

我常常讲，中国传统文化的精髓可以用三个词组十个字来概括：天人合一、内圣外王、中庸。

“天人合一”是处理人和自然关系的原则。“内圣外王”是处理自我和社会关系的原则。“中庸”则是处理一切关系的方法论总则。中庸并不是折中，不是没有原则，不是各打五十大板，中庸是适度，是凡事把握正确的尺度，恰到好处，不偏不倚，不多不少，无过无不及。中庸是处理一切事情的最佳原则，也是一种很不容易达到的理想境界，所以孔子说：“中庸之为德也，其至矣乎，民鲜久矣。”（《论语·雍也》）

颜之推是儒家信徒，《颜氏家训》从头至尾都贯穿着中庸的精神，《省事》一篇尤为突出。

颜之推在这一篇中反复叮咛子孙，凡事都要把握好尺度，做好自己分内的事，不要多管闲事；时机不成熟的时候要守正待时，顺从命运的安排，不可躁竞；做事要专心执一，不可贪多。我们来看看颜之推的这些观点对现代人有什么启发。

## 一、守好一颗“耐心”：守道待时，不可躁竞

一个人来到这个世界上，都希望活好一点，温饱满足了，就希望发达。美国社会学家马斯洛（Abraham H. Maslow，1908~1970）就说过，人的需求一般有五

个基本层次：生存需求、安全需求、归属需求、尊重需求、自我实现需求。

一个人求发达，就是希望自己的能力和才华得到施展，取得一定的社会地位，受到他人的尊重。这就相当于马斯洛所说的后面两个层次，这两个层次对知识分子尤其重要。中国传统的知识分子达到这两个层次的途径只有一条，就是当官，所谓“学而优则仕”。官当然是做得越大越好，越大就越有可能施展自己的才华，越大就越有可能得到他人乃至整个社会的尊重，其极致就是“流芳百世”。

以中国人的“官本位”心态来谈做事的法则，我觉得还是很合适的。

在旧时，一个读书人若没有做官或官做得不够大，就常常觉得生不逢时，怀才不遇，牢骚满腹。一些人耐不住寂寞，不惜走歪路求捷径：或夸大吹嘘，或巴结上司、谄媚当道；甚至采取更卑劣的手段，例如贿赂买官；还有人以揭露上级的隐私为要挟，以求升官。颜之推说，用这种手段，就算是得到了自己想得到的官职，又**“何异盗食致饱，窃衣取温哉”**（偷东西吃来填饱肚子，偷衣服穿来得到温暖，这跟小偷又有什么区别呢）。

以这样的手段来求发达，同时又想得到他人和社会的尊重，岂非缘木求鱼？更何况，走这样的歪门邪道并不见得能得逞。颜之推下面这段话值得所有的人认真想一想：

**“世见躁竞得官者，便谓‘弗索何获’；不知时运之来，不求亦至也。见静退未遇者，便谓‘弗为胡成’；不知风云不与，徒求无益也。凡不求而自得，求而不得者，焉可胜算乎！”**（世人见到那些躁进奔走的人获取了官职，便说：“不去索求怎能获得呢？”可他们不知道时运到来时，不求也会自来的；见那些谦让恩静之士没有得到赏识重用，便说：“不去争取怎能成功呢？”却不晓得时机不成熟，徒然去追求也是无用的。这世间，不求而得的人，求而不得的人，该有多少啊，怎能数得完呢！）

世上的人，常常只看到“求而得到”的一面，以为凡事都要求，然后才能得，“弗索何获”（“索”就是求），你不求怎么能得到？却不知道时运到了，不求也会得到的。有人甚至以为凡事只要求，必能得，而且往往并不考虑用什么手段去求，以为只要求就好了。

看到别人走后门成功了，就以为只有走后门才能成功，甚至以为只要走后门必能成功，“弗为胡成”，你不走后门，怎么能成功？他们不知道时机没有成熟，就是走后门也不一定成功。或者暂时成功了，却在另一个时候或另一个方面失败了。就算走后门成功了，他们也没想过，这样的成功算不算真正的成功？为了得到这一点成功，却要去求爹爹告奶奶，失了自尊，失了人格，到底值不值得？

颜之推讲，时运到了，“不求亦至”，时运未到，则“徒求无益”。这其实说得很对，只是我们很多人看不透罢了。他又说，世上的事，“不求而自得”，或“求而不得”，这样的情况实在太多了。我们平心想想，是不是这样？世上的事，稍微大一点的，往往都不是我们能够自己掌控的。我们自己能掌控的，其实都是一些小事。

前人信命，今天的人大多都不信了，到底有没有“命”这种东西呢？这要看你怎么理解。有人把“命”理解为“宿命”，那种可以由算命的人算出来的“命”。比方说哪一年你会害一场大病，哪一年你会升官，什么时候你会有血光之灾，等等。这样的“命”有人信，但我不信。

如果把“命”理解为，人的一生是由无数复杂因素构成的一定轨迹，这些复杂的因素大多不能由我们自己的主观意志来掌控，而是由这之外的力量所决定的，这样的“命”我认为是有的。中国儒家说的“命”，其实指的就是这个“命”。

孔夫子说“五十而知天命”，又说“不知命，无以为君子也”，孔子说的“命”就是这种“命”。

我常跟一些年轻的朋友讲，人一生的命运就像一辆马车，这辆马车有两根缰绳，一根捏在自己的手里，一根捏在上帝的手里。我这里说的“上帝”并不是有神论者的“上帝”，我说的“上帝”只是一个代名词，指称我们自己所不能掌控的外在力量的总和。这辆马车往哪里走，怎么走，不是你自己手里的这一根缰绳就可以决定的，上帝手里的那根缰绳比你手里的那根强大得多。

试着想一想，对于命运，我们自己到底能够掌控多少？在我们出生的时候，人生最重要的许多方面就已经被决定了，对此，我们是没有选择余地的。比如你出生在什么样的时代、什么样的国度和地方，有什么样的父母和兄弟姐妹，这些都不是你能够选择的。而这些对于一个人的命运无疑都至关重要。

还有，你生下来体质如何，强还是弱？你的DNA里面有没有包含癌症、高血压、糖尿病、精神病等基因？你生下来智商多高、情商多高，偏于形象思维还是逻辑思维？……这些对于一个人的一生有多大的影响，显然不消多说。

至于我们活在世上的日子，不可控的事件也几乎无日无之，大至战争，小至车祸，都非我们个人的意志所能避免。而这些对于一个人的命运又有多大的影响，自然也不待多言。那么，人的一生还应该努力吗？当然应该，就是应该捏好自己手里的那根缰绳，去努力配合上帝手中的那根缰绳。

所以，人的一生，努力只能从自己的一方去努力，要求只能求自己，求别人是没有用的。走邪门歪道更是没有用，它只会跟上帝手中那根缰绳发生冲突，导致失败，甚至毁灭。颜之推告诫自己的子孙说：“**君子当守道崇德，蓄价待时，爵禄不登，信由天命。**”如果他说的“天命”跟我理解的“天命”一样，那么我完全同意他的话。“守道崇德”，就是努力捏好自己手中的那根缰绳，“蓄价待时”，就是努力配合上帝手中的那根缰绳，如果这样，还是不能得到富贵爵禄，那就由它去吧。

## 二、安下一片“恒心”：不走偏锋，不走捷径

走偏锋、走捷径，是传统士大夫中的一些人在仕途上躁竞表现的主要方式。

偏锋捷径之一，就是给皇帝上书言事。有的人读书一辈子，一直没有机会当官，又不甘心穷困潦倒、一辈子不能出人头地，等不及了，就直接给皇帝上书。这些上书的内容不外乎给皇帝提意见、指责大臣的错误、对国家大政提些建议，往往危言耸听，以求引起皇帝的注意，进而得到重用。

颜之推举了严助、朱买臣、吾丘寿王、主父偃等几个人的例子，说明这样的人即使一时得到皇帝的嘉奖，做了官、受到提拔，但因为走的路子不正，不择手段，最终都没有好下场。

颜之推说的这几个人中，朱买臣大家比较熟悉，京剧有一出《马前泼水》的戏就是讲他的故事。说他四十多岁了还在会稽山中砍柴，一边挑柴，一边背书。老婆受不了了，叫他别背，他说，我五十岁就会富贵，现在都四十多了，你再等几年吧，我会报答你的。老婆越发生气了，说你这个穷样子还想富贵？结果离他而去。没想到他后来因为上书给汉武帝，又受到同乡严助的推荐，终于当了官，还是家乡会稽的太守。京剧《马前泼水》是说朱买臣当官以后，老婆想复合，朱买臣在地上泼了一盆水，告诉老婆，泼水难收，复合是不可能的。结果老婆又羞又气又后悔，上吊自杀了。朱买臣后来官越做越大，竟然做到九卿之一，但最后还是被杀，没有落到好下场。因为他跟御史大夫张汤闹矛盾，向汉武帝揭发张汤的隐私，张汤自杀，武帝把朱买臣也杀了。

更典型的例子是主父偃，也是读了满肚诗书，始终没机会做官；后来上书给汉武帝，书中讲了九件事，其中有一件是谏阻汉武帝伐匈奴，得到汉武帝的欣赏，拜他为郎中，而且一年中四次升官，越做越大。他喜欢揭发别人的隐私，朝里的大臣都怕他，送他很多钱来塞他的口。有朋友劝他说，你这样做太过分了。他回答说，我从少年时代起就结发读书，四处游学，四五十岁了还是一介平民，父母不把我当儿子看待，连兄弟都不愿意接济我，跟我的人也一个个都跑了，我实在受够了！大丈夫活着的时候如果不能富贵，享受列鼎而食的待遇，那么就干脆死的时候受鼎烹的待遇吧(“且丈夫生不五鼎食，死即五鼎烹耳。”见《史记·本传》)。我日子不多了，所以只好倒行逆施。

主父偃的话很典型，非常生动地说出了一个无论如何都要出名，为了谋求富贵不择手段的古代读书人的心里话。

中国历史上的确有不少像朱买臣、主父偃这样的知识分子。颜之推不赞成这些人的做法，认为这不合乎圣人中庸的教导。《礼记·中庸》说：“君子居易以俟命，小人行险以侥幸。”颜之推认为这些人就是“侥幸之徒”，不值得仿效。

偏锋捷径之二，就是走后门，特别是走“佞幸”（皇帝的宠臣）之门，靠行贿买官。颜之推讲到，北齐的末年，就有一些人走这条路子当了大官，一时威风凛凛，“车骑辉赫，荣兼九族”。颜之推没有指名，但是我们查查《北齐书》，就知道确有这样的人。《北齐书·后主纪》就说到北齐后主高恒在位的时候，“任陆令萱、和士开、高阿那肱、穆提婆、韩长鸾等宰制天下，陈德信、邓长颙、何洪珍参预机权。各引亲党，超居非次，官由财进，狱以贿成，其所以乱制害人，难以备载”；又说当时“赋敛日重，徭役日繁，人力既殚，帑藏空竭。乃赐诸佞幸卖官，或得郡两三，或得县六七，各分州郡，下逮乡官亦多降中旨”。颜之推说，这些买官的人“既以利得，必以利殆”，就是说靠“利”（送钱行贿）得到的东西，最后还是会败在“利”上。

其实，一个人想发达、想富贵，也无可厚非，但是在求发达、求富贵的过程中，也要守中庸之道，不能太躁竞，特别是不能不择手段，不能抄捷径走偏锋。颜之推的这些告诫，我觉得即使在今天也还是适用的。西方有一句谚语说：“阳光之下无新事。”我们只要翻开报纸的社会新闻版，几乎天天都可以找到类似颜之推讲过的例子，我就不多说了。

## 三、多加一点“小心”：肠不可冷，腹不可热

如果有人遇到急难向你求助，应该怎么办呢？颜之推告诫子孙说，在这样的事情面前，也要谨守中庸之道，该帮则帮，不该帮就不要帮。胆小怕事，只考虑到自己，生怕影响到自己的利益，该帮的也不帮，是不可取的。但是，过分热心，不该帮的也帮，甚至明明知道对方是干了坏事，也去帮，这也是不可取的。

决定该帮不该帮的原则，根本的就是“仁义”。合乎仁义的就该帮，哪怕自己要受到损失，也不可吝啬；不合乎仁义的就不该帮。墨子的“兼爱”，游侠的仗义，都不合乎儒家的中庸原则，是颜之推所不赞同的。我们来看看他说的话：

**“王子晋云：‘佐饔得尝，佐斗得伤。’此言为善则预，为恶则去，不欲党人非义之事也。凡损于物，皆无与焉。”**（王子晋说：“帮人做饭，能尝到美味；帮人打架，要受到伤害。”这话是说做好事就参与，做坏事就避开，不想与人结党干不义之事。凡是对人有损害的事，都不要参与。）

颜之推在这里先引用了王子晋的话，王子晋是春秋时周灵王的太子，他讲的两句话也挺有意思的，就是说你帮人家做饭，就会吃到好吃的，你帮人家打架，就得准备受伤。所以颜之推总结说，好事可以参加，坏事就要避开，不义的事不可以帮着别人干，总之，凡是损害他人的事都不能参与。

但如果做这件事可能对自己有损害，却合乎道义呢？颜之推说，那就哪怕会因此获罪，也要见义勇为。他接下去讲了四个古人的故事，一个是伍员，一个是季布，一个是孔融，一个是孙嵩。伍员和季布都是忠臣，急难时为人所救；孔融和孙嵩则勇敢仗义，救了汉末两个遭受迫害的正人君子。

我们来讲讲伍员和孔融的故事吧。

伍员又叫伍子胥，是春秋时期楚国人，父兄都是楚国的大臣，为楚王所冤杀，他逃到吴国，后来成为吴国的宰相。他在逃亡途中，过昭关时一夜急白了头发，有一出京剧叫《文昭关》讲的就是这件事。伍子胥出了昭关以后，偏偏又遇到一条大江，正在无计可施之时，突然从芦苇丛中飘出一叶扁舟，把伍子胥送到对岸。临别时，伍子胥叮嘱驾船的老渔夫，不要向人提起此事，渔夫觉得伍子胥不信任自己，就将渔船划到江中自沉而死。“伍员之托渔舟”即指此事。

再讲讲孔融救张俭的故事。张俭是汉末“党锢之祸”中反对宦官的著名领袖人物。当时宦官专权到处追杀“党人”（即反对宦官的士大夫领袖），他一路奔逃，许多仗义的士人都因收留他而破家亡身。有一天，他去投奔自己的好友孔褒，碰巧孔褒不在，张俭转身要走。孔褒的弟弟孔融当时只有十六岁，看他神色慌张，说：“我哥哥虽然不在，我难道就不能帮助你吗？”于是把张俭留下。后来事情败露，孔褒、孔融和他们的母亲都说罪在自己，三人争死，后来朝廷杀了孔褒，孔融也从此名闻天下。

颜之推称赞孔融等人的行为，他认为，碰到这样的事，即使有可能让自己获罪，也还是应该见义勇为。因为伍员、季布、张俭、赵岐都是忠臣，受到了邪恶小人的迫害，值得舍身救之。但如果只是私人恩怨、小集团的利益，就不值得了。颜之推讲到，汉初一个有名的侠客郭解代人报私仇，刘邦的一个大将灌夫与当时的丞相田蚡之间因私怨而大打出手，他认为，像这样的事就不值得参与。

总而言之，碰到人有急难求救，要视情形决定是否帮忙，要守“中庸”的原则，一切以“仁义”为准，用颜之推的原话就是：

**“墨翟之徒，世谓热腹，杨朱之侣，世谓冷肠；肠不可冷，腹不可热，当以仁义为节文尔。”**（墨翟之类的人，世人认为他们热心肠；杨朱之类的人，世人认为他们是冷心肠。心肠不能冷漠，但也不能太热。总当以仁义为标准来节制自己的言行才对。）

我觉得颜之推这话说得很好，今天仍然可以奉为教导子女处理这类事情的原则。比方说，子女在外边因为帮助朋友而惹了一些麻烦，做父母的应该弄清事情的原委，不可一概批评，也不可一味袒护，而要以“仁义”为准则。告诫孩子不可多事，不要妄自揽事上身，更是有现实必要性。

## 四、凝聚一个“专心”：多为少善，不如执一

颜之推在《省事》篇中还特别强调，人的天赋和才能都是有限的，在某一方面突出，在另一方面就可能有不足之处。因为上天在赋予万物能力时，就是采取了一种“中庸”的原则，没有把好处都集中在一个物种身上。

他说：**“能走者夺其翼，善飞者减其指，有角者无上齿，丰后者无前足，盖天道不使物有兼焉也。”**（会奔跑的就拿掉它的翅膀；会飞行的就减少它的前趾；头上长角的，嘴上就没上齿；后肢发达的，前肢就退化。这大抵是自然的法则不让它们兼有各种长处吧。）

这个话汉朝的董仲舒也说过，字词略有不同：“夫天亦有所分予，予其齿者去其角，傅其翼者两其足。”（《汉书·董仲舒传》）

再早一点的《大戴礼·易本命》里也说过：“四足者无羽翼，戴角者无上齿。”

会跑的，就不给你翅膀；会飞的，就不给你四条腿；有角的，就没有尖锐的爪牙；

爪牙尖锐的就没有角。

人也是这样，没有人样样都行，所以不可争强好胜，什么都要比别人强。与其什么都会一点，不如集中精力，在自己有天赋的方面，努力发展，精益求精。

颜之推引古人的话说：**“多为少善，不如执一。”**就是说，与其做很多，而没有什么做得很好的，就不如把一样认真做好。

我觉得这点很值得在教育子女时参考。现在很多家长不仅要求孩子在学校里门门功课都要好，课余时间还把他们送进各种各样的补习班、才艺班，学钢琴、学舞蹈、学唱歌、学游泳、学下棋、学英文、学奥数……用心很好，想让孩子长大后多才多艺，但效果恐怕适得其反。孩子们累得要死，结果是每一样都只学了一点皮毛，都没多大用处。与其这样，还不如让孩子集中精力学一两样，学精一点。

当然，反过来，过早地让学生分科，只专某一门，其他都不懂，这样也不好。钱钟书在短篇小说《灵感》中讽刺说：“获得本届诺贝尔医学奖金的美国眼科专家，只研究左眼，不诊治右眼的病。”话虽然说得刻薄，但的确也值得警惕。总之，在“博”与“专”的问题上，也要守中庸之道，不可走极端。

# 第十一章

# 划定欲望的边界：懂得满足的人更接近幸福

在这个世界上，许多道理极其明白简单，但就是有很多聪明人偏偏想不通、想不透，而且古今中外皆然，看来永远都改变不了。关于人心的贪婪就是其中之一。有句俗话说："人心不足蛇吞象。"用"蛇吞象"来比喻人心之贪婪，实在是最生动不过了，蛇那么小，象那么大，蛇怎么吞得了象呢？又有什么必要去吞象呢？可蛇就是想吞，令人百思不得其解。

陈水扁做了八年台湾地区领导人，光薪水就有上亿新台币，折合人民币二千多万元，再怎么挥霍，这辈子也够花了，为什么还要冒着坐牢的风险去贪污那么多钱呢？陈水扁的老婆吴淑贞年近花甲，整天坐在轮椅上，能花多少钱呢？她的贪心比陈水扁还大，陈水扁的"成功"主要就是因为背后有这么一个"伟大的女人"。

庄子早就说过："鹪鹩巢于深林，不过一枝；偃鼠饮河，不过满腹。"（《庄子·逍遥游》）鹪鹩是一种很小的鸟，偃鼠是一种很小的老鼠。小鸟做巢，树林再大，也只能做在一条树枝上；老鼠饮水，河水再多，顶多也只能喝满一肚子；要贪那么多干什么呢？

可古往今来，像陈水扁夫妇这样的人史不绝书，这些人并不蠢，为什么就想不透呢？和珅的故事这些年来随着相关电视剧广为流传。他是清乾隆时期的权臣，后来被乾隆的儿子嘉靖赐死，据说，被没入官府的财物相当于大清帝国十来年国库收入的总和。当时有句民谣："和珅跌倒，嘉靖吃饱。"和珅这人一点都不蠢，而且极其聪明机巧，为什么料不到后来的下场呢？用被赐死的代价，去贪这么多对自己并无用处的钱财，除了说明他实在是晕了头，还能说明什么呢？所以成语说“利令智昏”，看来真的不夸张。

和珅是古人，陈水扁是今人，和珅的例子并没有对陈水扁造成震慑，陈水扁绝对知道和珅的故事，却没有从他身上吸取任何教训。千千万万的和珅、陈水扁走在前面，后面的人看到他们杀了头、坐了牢，但还是有许多人踏着他们的足迹“勇往直前”“前仆后继”。现在，每天翻开报纸，总会看到几个“小和珅”“小陈水扁”被揭发出来，被双规起来。当他们被揭发、被双规的时候，也许会想起和珅和陈水扁，也许会后悔不及，但为什么在这之前就想不到呢？

## 一、在欲壑面前止步：欲不可纵、志不可满

有个成语叫“欲壑难填”，欲望人人都有，没有欲望就没有生命，欲望是推动人前进的重要动力。但欲望又是一把双刃剑，它可以把你推向成功的峰巅，也可以把你推向罪恶的深渊。在“欲壑”面前，要戒慎恐惧，要有一种如临深渊、如履薄冰的感觉，尤其是已经有一定社会地位的人，千万要深思。《红楼梦》里有副对联说：“身后有余忘缩手，眼前无路想回头。”有了一定的名和利，“富”到一定的程度，“贵”到一定的程度，就应该想想“缩手”的问题，不要一味放纵。等到无路可走的那一天，恐怕连回头的机会都没有了。

所以见惯兴亡的颜之推在《颜氏家训》当中特别写了《止足》一篇，告诫子孙在贪欲面前一定要“止足”。“止足”二字，可解为“知止”“知足”，一个人在欲望面前要控制自己，要懂得满足，要懂得止住自己的脚步，才不至于掉到欲望的深壑里去。“止足”也不妨解释为“止于足”，够了便该停止，不要过分贪求。

在《止足》篇一开头，颜之推就引用《礼记》的话说：**“欲不可纵，志不可满。”**

欲望不可以放纵，心意不可以完全满足。为什么呢？因为任何东西都有一个边界，唯独一个人的欲望和心意是没有边的，如果自己不控制的话。

有个民间故事很生动地讲述了一个人欲望膨胀的过程。说是有个穷光蛋，捡到一个鸡蛋，就津津有味地向老婆描述他未来的梦想。他说，我先把这个蛋寄到

邻居家的鸡窝里去孵养，孵出一只母鸡来，长大了就可以下蛋。一个月生十五个蛋，下了蛋我再拿去孵，不到两年我就会有三百只鸡。拿着这些鸡去卖，可得黄金十两，换回五头小母牛，养大后母牛生小牛，三年后可得一百五十头牛。卖了牛可得黄金三百两，拿去放高利贷，三年后便变成五千两。拿这些钱去买田地，种豆、种稻、种高粱，我就会得到一万石粮食。拿着这一万石粮食，就可以买更多的田地，盖漂亮的房子，讨小老婆……这就是欲望膨胀的过程。这个故事的结局是，老婆听说他要讨小老婆，突然酸从心里起，醋向胆边生，一巴掌打过去，一个鸡蛋的家当就此完蛋。

事实上，所有不懂得控制欲望、无限膨胀的人，最后的结局都是这样。

曹操做了宰相以后，曾写过一篇《让县自明本志令》。中间有一段话，说他自己少年时代并没有什么很了不起的志向，只是不甘心被别人看作凡夫愚子。在被举为“孝廉”以后，只希望将来能够做一个郡守，把地方治理好，得到一个清廉的名声就可以了。后来碰到黄巾起义，天下大乱，他就有了更大的野心，想“为国家讨贼立功”，成功之后能够封侯、做镇西将军，死的时候墓碑上能够写上“汉故征西将军曹侯之墓”，这样就很满足了。不料，后来他的势力越来越强，消灭了各霸一方的袁绍、袁术、刘表，最后做了宰相。他很得意地说：“设使国家无有孤，不知当几人称帝，几人称王。”这就有一点想当皇帝的味道了——后来他儿子曹丕当了皇帝，果然追封他为“魏武帝”。

曹操这段话说得很坦白，一个人的欲望就是这样一步一步膨胀的。曹操当然是有本事的人，运气又好。其实，袁绍、袁术、刘表这些人又何尝不想当皇帝呢？所以无论求富、求贵、求名、求利，如果不自己给自己划定一个边界，这欲望是没有满足的一天的。所以颜之推说“**宇宙可臻其极，情性不知其穷**”，宇宙都有边，“情性”，也就是欲望和心意，是没有边的，因此也就是永远不能满足的。如果我们任由这不能满足的欲望和心意牵引自己，就有可能走到罪恶和毁灭的深渊。

那么，到底该怎么做呢？颜之推说：“**唯在少欲知足，为立涯限尔。**”唯一解决的办法，就是减少欲望，控制欲望，知所满足；为自己立定一个“涯限”，也就是界限，到了这个界限，就停步，就收手。

我小时候在乡下过了几年替人砍柴放牛的日子。当时父母不在身边，差一点穷得要讨饭。我还清楚地记得，那个时候我只有一个很可怜的愿望，就是希望每年能有三十六块人民币的收入。为什么是三十六块呢？因为，那时候的米是一毛钱一斤，三十六块就可以买三百六十斤米；有了三百六十斤米，每天就有一斤米可吃，我就不会饿死了。你看这是多么卑微的愿望！可是随着年龄增长，境况改善，就想上学，上了初中上高中，上了高中上大学，上了大学想读研究所，读了研究所想出国留学……小时候只想每年赚三十六块，后来想一个月赚一百块就好，以后又想一千块，现在每个月赚一万块也觉得不够花了。到底要赚多少才够呢？我常常在心里告诫自己，现在这样就很好了，该满足了。

六十岁的时候，我给自己写过三条箴言：只做自己想做的事，只做自己能做的事，只做自己喜欢做的事，其他一概顺其自然。

当然，一个人到底要立多高的"涯限"是因人而异的。颜之推的家族是当时著名的门阀士族之一，社会地位很高，他的"涯限"自然比一般人高很多。他引用九世祖靖侯颜含的告诫："**汝家书生门户，世无富贵；自今仕宦不可过二千石，婚姻勿贪势家**。"这就是说，做官不要超过二千石，二千石就是二千石谷子，是汉朝太守的年薪，所以二千石也就相当于今天的省部级干部。这个"涯限"在一般人看来可能已嫌太高了，但我们要知道，魏晋南北朝时期是一个门阀士族轮流当权的时代，皇帝只是若干著名士族的"盟主"而已，地位并不那么牢靠，其他豪族也未尝不觉得自己就不可以当皇帝。"皇帝轮流做，明年到我家"，有晋以来，除了司马氏之外，王敦、桓温，甚至陶侃，都曾经做过皇帝梦。南北朝事实上就已经是皇帝轮流做的局面了，所以像颜氏家族这样愿意克制自己，只做到二千石就罢手，已经算是很知足的了。

## 二、常给自己做减法：满招损，谦受益

颜之推说，以一家二十个人算（当时祖孙同堂，兄弟不分家，所以一家二十口是普通的士族家庭），奴婢不超过二十人，良田十顷（一千亩），有房子能够遮挡风雨，有车马可以代步，另外有数万存款，以备不时之需，这样就够了。如

果超过了这个“涯限”，就应当“以义散之”，就是遵循道义的原则（例如周济贫困的亲友之类）把多余的钱散掉。如果还没有到这个“涯限”，也不可“非道求之”，就是不可不择手段地求取财富，也就是我们平常所说的“君子好财，取之有道”。

为什么要这样做呢？颜之推说“**天地鬼神之道，皆恶满盈**”，就是说无论万事万物，都是不喜欢太满的。古人说“物极必反”，用今天的话来说，就是任何事情走到极端，就会向它们的反面转化。

是不是这样呢？太阳走到天中，就一定向西方偏落；月亮到了满月，就一定慢慢缺损；花开到最盛，就一定逐渐凋落；江河水满，就会成灾。哪一样不是如此呢？有什么例外吗？前人有句话：“物无美恶，过则成灾。”没有什么东西比饭更好吧？但饭吃多了也会撑死。没有什么东西比酒更美吧？但酒喝多了也会醉死。如何把握分寸，不要让事情走到最满、最盛、最极端，这是一种智慧。

颜之推说：“**谦虚冲损，可以免害。**”“谦虚冲损”就是让它不要满，满了就自己“虚”一点、“损”一点。所以说酒到微醺就最好，不要过醉。花未全开，月未全圆，这个时候就最好看。花，如果一定要看到全开，接下来你就要准备看它凋零的样子了。月亮如果一定要看到全圆，接下去你就要准备看它缺损的样子了。

曾国藩晚年把他的书房叫“求缺斋”，别人求“圆”，他却求“缺”，这就是最有智慧的人。曾国藩从一个农民家庭出身的书生做到湘军统帅，做到一品大员，做到当朝宰相，做到门生故旧遍天下。他却一生力戒骄满，到晚年更加兢兢业业，更加谨慎小心，在一封又一封的家书中，不断地告诫子弟亲属，绝对不可奢侈骄横。所以，曾国藩能够至死不败，笑到最后。不仅如此，曾家后代也都很争气，出了许多科学家、教育家、外交家，一直到当代，一百多年了，子孙仍然发达。在近代名人之中，子孙如此发达的大概也找不出第二家。

可惜，古往今来，能够像颜之推、曾国藩这样自觉到“盛满”的危害而力求“谦损”的人并不多。对于不少人来说，贪欲就像一个巨大的黑洞，在这个黑洞的强力吸引面前，他们止不住自己的脚步。在颜之推所处的魏晋南北朝时期，就有许多这样的例子。

西晋时有两个人，一个人叫石崇，一个人叫王恺，石崇是贵族，王恺是外戚，两个人互相炫耀自己的财富，看谁更多。王恺用贵重的麦糖来清洗锅子，石崇则用更为珍贵的石蜡当作柴火来烧。王恺不甘示弱，又用紫纱作步障（设在路边遮泥巴的屏障）四十里，石崇则用更贵重的织锦作步障五十里。石崇用一种香料当石灰涂饰房屋，王恺则用更贵的红石脂。有一次，王恺拿出一株二尺多高的珊瑚树，非常漂亮，市面上根本见不到，说是晋武帝赐给他的，以此向石崇炫耀。没想到石崇看了两眼，竟拿出一柄铁如意，一下就把珊瑚树击成了碎片。王恺勃然大怒，石崇却轻轻松松地说："别大惊小怪，我赔给你就是啦。"便命令仆从抬出一堆珊瑚树，三四尺高的都有六七株之多，像王恺那样二尺多高的就更多了。弄得王恺目瞪口呆，惊羡万分。

石崇还有一个豪华的别墅金谷园，占地千亩，流水萦回，奇花异木，珍禽怪兽，布满园中，更有美女数十，天天在里面唱歌跳舞。后来在"八王之乱"中，赵王伦的部下将军孙秀指名要石崇的爱妾绿珠，石崇不给，孙秀便派兵包围金谷园，绿珠跳楼而死，石崇也被抓去处死。刑前石崇叹气说："这些家伙还不就是看中了我的财富吗？"抓他的人说："你既然知道是你的财富害了你，为什么不早早散掉呢？"

这个问题问得非常好，是啊，石崇如果能像颜之推这样，给自己设立一个财富的"涯限"，超过这个"涯限"就散掉，他哪里会落到杀头的下场呢？

做官到底要做多大？颜之推说：**"仕宦称泰，不过处在中品，前望五十人，后顾五十人，足以免耻辱，无倾危也。高此者，便当罢谢，偃仰私庭。"**就是说，官做到"中品"就可以了，就可以"称泰"，也就算官运亨通了。"泰"就是亨通的意思。官高过"中品"，就要主动辞掉，回家养老。

什么是"中品"呢？就是"前望五十人，后顾五十人"。比方说，朝官一百名左右，中品就是五十几名，比你高的还有五十个，比你低的也还有五十个。这样一方面"免耻辱"，就是说，地位不算低，不算无能，朝廷出了什么事，也不至于拿你出气，因为还有比你更软的柿子；另一方面"无倾危"，就是说没有危险，也没有风险，因为你不是出头鸟，不是出头的椽子。一片林子中，你不是最高的几棵树，所以，风吹过来的时候，不会首先把你吹折，也就是俗话说的"天塌下来，还有长子撑着”。这其实也就是做官的中庸之道。听起来有点胆小怕事的味道，但的确是一个久历官场、见过风波的老人的经验之谈。

我们应当记得，魏晋南北朝是一个政权更替频繁，政治动乱很多的时代，颜之推本人就经历了无数的兴亡动乱。他说“予一生而三化”（见他的《观我生赋》），就是说他一生三次做亡国之人：第一次是梁亡，他变成北齐的臣子；第二次是北齐亡，他又变成北周的臣子；第三次是北周亡，他又变成隋的臣子。“化”就是变。但他居然安然地度过了这三次大变动，还能一直保持优越的社会地位，一直在朝廷为官。如果他官做得大，那么在变乱中就免不了首任其责，不杀头也会革职；如果他官做得小，新的政权就不会觉得有再使用他的价值。

在乱世中，没有什么真理可言，也没有什么正统可言，无谓地做某一个人或某一个政权的牺牲品，是没有什么价值的。这不像抵抗外族的侵略，不会产生岳飞、文天祥、史可法、戚继光这样的英雄人物。所以，我们不必苛责颜之推，这也是不得已的自保之法。

他很沉痛地说：**“自丧乱已来，见因托风云，徼幸富贵，旦执机权，夜填坑谷，朔欢卓、郑，晦泣颜、原者，非十人五人也。慎之哉！慎之哉！”**（自从天下大乱以来，我看见乘机得势，侥幸获取富贵，早上还大权在握，晚上就填尸山谷，月初快乐如卓氏、程郑，月底悲苦如颜回、原宪的人，不止十个五个。要谨慎啊！要谨慎啊！）

卓王孙和程郑都是汉朝时著名的有钱人，所谓“富埒王侯”；而颜回和原宪都是孔子的弟子，两个穷光蛋。月初还像卓王孙、程郑那么有钱，而到月底就穷得像颜回、原宪那样了，真的是这样吗？古往今来，这种事屡屡发生，一点都不夸张。我们翻翻魏晋南北朝的史书，就可以看到许多这样的例子；再看看现在的社会新闻，这样的事情仍不少见。

总之，求名求利本是人生常态，想富想贵也都很自然，但是，第一是要取之有道，不可不择手段；第二是要止足，要守中庸之道，要给自己立定涯限，不要贪进不已，自取其祸。这个深刻的道理，家长们不但要讲给自己的孩子听，更要以自己为榜样做给孩子看。

# 第十二章 讲究生命的品质：古人的养生之道

中国的养生文化源远流长，先秦时代已有零星论述，两汉续有发展。最早的关于养生的经典像《黄帝内经》《素女经》，据现代人研究，大概都是两汉的作品。早期的养生文化基本上都局限在金字塔的顶端，像《黄帝内经》《素女经》，都是假借黄帝跟岐伯、采女等人的对话，一方面是故神其辞，另一方面也是只有金字塔顶端的人才有资格谈养生。

魏晋南北朝时期，随着富裕而自给自足的士族阶级的兴起，加之世人个体意识的觉醒，养生的理论与实践由金字塔的顶端扩散到士族，再经由士族传播到民间。所以关于养生的理论和方法的讨论，在魏晋时期形成一个热潮，其中的代表人物是嵇康、葛洪、陶弘景等人。嵇康的《养生论》是第一篇有作者可考而且详细独立地讨论养生理论与方法的文章。嵇康的观点大致为：神仙是有的，不过神仙是秉自然中的异气所生，非积学所致，也非修炼可成；但一般人若能注意养生，导养得理，活到数百岁乃至上千岁都是可能的；至于导养之法，以养神为要，辅以养形（包括导引、行气、服食、房中等术），这样便可以保性全身，活到应当活到的年龄。魏晋六朝人谈养生大都遵循嵇康这一思路，由此奠定了中国传统养生文化的基础。

颜之推是六朝人，他在《颜氏家训·养生》中教导子孙，不要服药求长生不老，但可以注意养生之术，让自己活得更健康一些，同时，他还提醒子孙要注意，养生不能离开社会现实，养生也不是苟且偷生等等，大体上跟嵇康的观点差不多。下面我们就结合《养生》篇，谈谈有关养生的一些问题，作为我们自己和教育子女的借鉴。

## 一、世上有神仙吗：什么是养生，养生的可能性

人到底能活多少岁？中国传统的说法是下寿八十，中寿一百，上寿一百二十。根据西方科学家的研究，哺乳动物能够活到的岁数是他成熟期的五倍到七倍。人是哺乳动物，人的成熟期是二十到二十五岁，所以人应当活到一百到一百七十五岁。这个说法其实跟古人的说法相差不是太大，从我们观察到的情形看来，大体上也是如此。

根据吉尼斯纪录，世界上最长寿的人也不过一百二十岁左右。人有没有可能活得更长？这个问题恐怕一时之间还无法给出绝对的答案。根据我所看到的资料，重庆綦江的李青云（又名李清云、李庆远）是 1933 年过世的，据说他活了二百五十六岁，河南的吴云清是 1998 年过世的，据说他活了一百六十岁。

还有一些传说。福建有个人叫陈俊，据说他从唐朝一直活到元朝，活了四百四十四岁。传说中的安期生活了一千多岁，彭祖活了八百多岁。基督教《圣经》里有一篇《创世纪》，其中叙说亚当的子孙、诺亚的祖先许多活到了九百多岁、八百多岁，而且都有名有姓。

至于长生不老、不死的神仙，基本上可以肯定是没有的，这不符合有生必有死的自然规律。从理论上讲，连整个人类都要灭亡，自然没有人可以不死。所以“养生”跟“成仙”是两码事，成仙不可能，养生则可能。养生也基本上不是延长生命的问题，而是努力活到可以活到的岁数，说直率一点，养生也不过是力争不夭折。

古往今来，绝大多数人都没有活到应该活到的岁数，多数人都是夭折而死，一般人连下寿都到不了。所谓“人生七十古来稀”，就是说的这个。现代人的平均寿命都延长了，但连平均寿命最高的国家也都只是接近下寿的水准，至少还有几十岁的空间可以努力。

颜之推虽然说“**神仙之事，未可全诬**”，这是当时的流行看法，实质上他对神仙之事基本上是持否定态度的。他说求仙之事：“**学如牛毛，成如麟角。华山**

**之下，白骨如莽，何有可遂之理？**”（学仙的人多如牛毛，成仙之人却少如麟角。华山之下，白骨多如草莽，哪里有遂心如愿的道理？）所以他要子孙抛弃学仙的幻想。但颜之推认为养生是可能的，他说：“**若其爱养神明，调护气息，慎节起卧，均适寒暄，禁忌食饮，将饵药物，遂其所禀，不为夭折者，吾无间然。**”（如果你们能够爱惜精神，调理呼吸，起居有节，适应天气冷暖，注意饮食的禁忌，适当服用药物，能活到上天赋予你们的年岁，不至于中途夭折，这个我是赞成的。）

颜之推这里提到，养生就是“遂其所禀，不为夭折”，正是我上段所说的“养生就是努力活到可以活到的岁数，力争不夭折”，这是非常科学的。

人为什么会夭折，活不到应该活到的年纪？大致说来，有两方面原因，一方面是身体自身的原因，另一方面则是外在环境尤其是社会的原因。

先说身体自身的原因，这包括两个方面：先天与后天。

有的人先天禀赋不强，在基因（DNA）中就遗传了先代的某些缺陷和重大疾病的因子，后天又没有得到修补，导致活不到人类应当活到的年龄。有的人先天禀赋没有问题，但是后天失调，生命没有得到应有的保护，反而受到种种斫伤（包括过度使用），这样自然也就活不到本该活到的年龄。颜之推讲的“爱养神明，调护气息，慎节起卧，均适寒暄，禁忌食饮，将饵药物”，基本上都是说后天爱护的问题，就是至少做到不要斫伤先天的禀赋，如果做得好，也许还可以修补先天的不足。

“爱养神明”，说的是从精神心理方面保持健康。嵇康说过“精神之于形骸，犹国之有君也”，所以养生首在“养神”，做到“修性以保神，安心以全身”（见《养生论》）。至于“调护气息，慎节起卧，均适寒暄，禁忌食饮”，讲的是“养形”，注意呼吸、睡眠、冷暖、饮食，中心是顺适自然，守中庸之道。我们今天讲究健康的生活，也仍然主要是注意这几个方面。

在“将饵药物”方面，颜之推提到一些有益的药物，都是植物性的，像槐实、杏仁、枸杞、黄精、白术、车前等。对于非植物性的尤其是矿物性的药物，他指出要特别小心，如果不得法，反而会误送性命。他提到，当时有个人服用松脂，结果肠子被塞住导致死亡，这样与养生的意义刚好相反，不是护养，而是斫伤。

但是当时乃至后世都有不少的人，尤其是养生术中的“炼丹派”，迷信一些用多种矿物炼成的所谓药物，认为服之可以延年益寿。

魏晋之间流行的“五石散”，就是一个有名的例子。所谓“五石散”，是用五种矿物质炼成的一种药丸。哪五种矿物？一般说是石钟乳、紫石英、白石英、石硫磺、赤石脂，也有说是丹砂、雄黄、白礬、曾青、磁石的（见《抱朴子·金丹》）。据说是汉代名医张仲景发明的，又称“寒食散”，有祛风痹、旺精神、壮阳等功效，服后要吃冷食，饮热酒，用冷水洗澡，还要快步行走以发散药力，称为“行散”。服药后常见皮肤过敏，身体燥热，所以不能穿新衣或刚浆洗的衣服，而要穿旧衣、脏衣、宽大的衣服。我们读魏晋的书籍，会发现魏晋人多虱，而且不以为耻。嵇康在《与山巨源绝交书》中说自己“性复多虱”，《世说新语·雅量》载顾和当街觅虱，《晋书·王猛传》载王猛诣桓温，“谈当世之事，扪虱而言，旁若无人”。这就是因为他们好穿脏衣、旧衣的缘故。

但五石散如果服用不得法，不仅会引起药物过敏，还会引起药物中毒、皮肤溃疡、脾气暴躁、狂傲自大，魏晋名士风度中有一些不好的东西大概也跟此有关。因为副作用大，魏晋以后服五石散的人群逐渐缩小，但还是有一些人迷信“服食”（“服食”一词专指服药，特别是服用矿物质类的药物）可以健身，尤其是壮阳，因服食而致死的人史不绝书。据说，唐朝的文豪韩愈和元稹也是因为服药不当而死的。

白居易有两句诗说这件事：“退之服硫磺，一病竟不痊。微之炼秋石，未老身溘然。”（《感旧》）所以古诗也说：“服食求神仙，多为药所误。”（《古诗十九首》）今天也有些人过于迷信药物，喜欢吃所谓的“补药”，结果往往适得其反，副作用大于正作用，身体越补越差，这是特别要提醒大家注意的。至于有些人，特别是某些不良青少年，吸毒成瘾，以生命的代价去追求片刻的快乐，当然就更不值得了。

## 二、“避祸”是最好的补品：养生与环境及社会的关系

古时求仙的人往往想与世隔绝，躲到深山里去修炼，这其实是一种幻想，人不可能离开生长的环境，也不能离开社会。养生必须在环境中养，必须在社会中养，不可能单独一个人养。人总会受到环境或社会这样那样的影响，因此，考虑养生的问题，就不能不联系环境和社会一起来考虑。

关于环境对人的影响，现在越来越多的人都已经认识到了，整个地球环境恶化，已经对人类的健康产生巨大的危害，如果我们不能改善我们所处的环境，而让它继续恶化，人类再怎么讲究养生也是徒然。关于这个问题，在颜之推的时代，自然还不可能有我们今天这样深刻的认识，但是对于社会跟养生的关系，他们已经认识到了。

颜之推在《养生》篇中告诫子孙：“**夫养生者先须虑祸，全身保性，有此生然后养之，勿徒养其无生也。**”养生要先考虑避开祸患，保全生命，有了生命，才能养生，生命都没了，还养什么呢？这里提出“虑祸”的问题，就跟环境和社会有关，而侧重在社会。

颜氏举了《庄子·达生》篇中说的两个例子，一个是单豹，一个是张毅。单豹这个人很注意养生，到了七十岁还像年轻人一样，结果有一天遇到一只饿虎，他那养得很好的身体成了这只饿虎的一顿美餐。张毅呢，很注意锻炼，能够飞檐走壁，身体很强壮，但是四十岁的时候却因为得了内热之病而死掉了。庄子说：“豹养其内而虎食其外；毅修其外而疾攻其内。”就是说单豹和张毅没有把养生跟环境与社会联系起来考虑，没有“虑祸”，结果养生也就等于白养了。

魏晋南北朝是一个政治斗争激烈、政权更替频繁、社会充满动乱的时代，一个人的生命更容易受到社会因素的影响。所以，在考虑养生问题的时候，就要格外注意避开社会尤其是政治对人的伤害。颜之推特别提到嵇康和石崇的例子：他们两个都很注意养生，讲究“服食”，但两人都在中年即死于政治斗争，嵇康被司马氏所杀，死时才三十九岁，石崇死于“八王之乱”，死时也不过五十一岁。这两个人也都注意养生，却都没有注意“虑祸”，尤其是政治斗争之祸，结果又

是枉然养生。

颜之推在这里批评了嵇康和石崇，但这两个人的情况是不一样的，批评石崇没有错，批评嵇康则错了。石崇贪求权势，贪求财富，穷奢极欲，只知进不知退，只知聚不知散，而且在求富求贵的过程中表现得不择手段。他的死虽然跟政治斗争有关，但更直接的原因是财富积聚过多，让别人眼红，所以被杀。

嵇康跟石崇有本质的不同，在人格上嵇康更是令石崇望尘莫及。嵇康死于政治迫害，他为了坚持自己的理想，坚决不与卑鄙龌龊的司马氏政权合作，因而被杀。所以嵇康的死不是不懂得“虑祸”，而是为了坚持高尚的人格而不肯“避祸”。他希望生命活得长一些，但是决不愿意因此就降低人格，苟且偷生，这恰恰是颜之推下文中推崇的“生不可不惜，不可苟惜”的原则。所以，颜之推举嵇康的例子，说他没有“虑祸”是错误的，而且自相矛盾。这是颜之推的一点历史局限性。

## 三、有品质的人生才值得追求：养生的目的与生命的价值

人和动植物都有生命，但人有灵魂，人需要意义和价值才活得下去，动植物则不需要。所以人的养生就不可能跟动植物的养生一样，一只乌龟能活几百年，一棵树能活几千年，这样无知、无识、无灵魂、无意义、无价值的生命，并不是人所追求的。

人的养生在根本上是追求有意义、有价值的人生，让这样的人生更长一些，更充分一些。所以养生是要养有意义、有价值之生，不是养无意义、无价值之生。养生是要在追求品质的前提下去追求长度，如果两者不能得兼，则宁可取品质而不是取长度，生命的品质比生命的长度更重要。

不讲究生命的品质而只是活着，这叫“苟活”。如果养生只是注意长度而不注意品质，这叫“苟养”。生不可不养，但也不可以苟养。

颜之推讲：**“夫生不可不惜，不可苟惜。”**

“苟惜”就是没有原则的爱惜，爱惜要有原则，不是在什么情况下失去生命都可惜。怎样失去生命是可惜的呢？

颜之推说：**“涉险畏之途，干祸难之事，贪欲以伤生，谗慝而致死，此君子之所惜哉。”**

这里讲了四种情况：

第一，“涉险畏之途”，就是明明没有必要却去走危险的道路，这样死掉是可惜的。举个例子，有人不遵守交通规则，为了抢一秒两秒，冒险穿过马路，结果被车压死，这是不值得的。有人故意开快车，所谓“飙车”，与同伙争胜，抖威风，结果被撞死，这也是不值得的。长江涨大水，还有人故意去游泳，表示自己很勇敢，结果被淹死，这也是不值得的。这样的例子很多，生活中死于这种没必要的冒险之事时有所闻，尤其是在青少年中。

第二，“干祸难之事”，就是做一些不好的尤其是犯法的事，这样死掉也是可惜的。例如聚众斗殴、贩卖毒品，因而被打死或判罪而死，这样的死显然是不值得的。

第三，“贪欲以伤生”，因为贪财或纵欲而伤害身体，这样也是可惜的。这样的例子很多，现在尤其普遍。贪污腐化、卖官行贿、包养情妇、纵欲伤身，几乎每天的报纸上都可以读到这样的故事，如果因此而伤害身体甚至丢掉性命，自然也是不值得的。

第四，“谗慝而致死”，被人陷害，被人说坏话，或自己说别人的坏话，陷害别人，因而致死。这样的事常常发生在争权夺利、争风吃醋的过程中，显然也是不值得的。

什么样的死是值得而且无须惋惜的呢？颜之推说：**“行诚孝而见贼，履仁义而得罪，丧身以全家，泯躯而济国，君子不咎也。”**

“行诚孝而见贼”，说的是因为做忠臣孝子（这里“诚孝”就是“忠孝”，“忠”改为“诚”是为了避隋朝开国皇帝杨坚的父亲杨忠的名讳）该做的事，而受到坏人的陷害；“履仁义而得罪”，说的是坚持走仁义的道路而得罪了当权者；“丧身以全家”，说的是牺牲自己保全家族；“泯躯而济国”，说的是用自己的生命挽救国家。

因以上四种情况而死，这是值得的，**“君子不咎也”**。（“不咎”就是不批评，不责备，认为应该，认为值得，无须惋惜。）

"惜生"不能"苟惜"，"养生"不是"苟养"，这是讲到养生问题时必须特别注意的问题。中国的传统思想尤其是儒家思想，从来不把生命看成是至高无上的东西，人世间还有比生命更值得珍惜的东西。

孔子认为，仁、信都是比生命更高的价值，他说："有杀生以成仁，无求生以害仁。"又说："自古皆有死，民无信不立。"孟子也认为仁义道德是比生命更高的价值，他说："鱼，我所欲也，熊掌亦我所欲也；二者不可得兼，舍鱼而取熊掌者也。生亦我所欲也，义亦我所欲也；二者不可得兼，舍生而取义者也。"所以后来文天祥临死前在《绝命辞》中说："孔曰成仁，孟曰取义，唯其义尽，所以仁至。读圣贤书，所学何事？而今而后，庶几无愧。"

为什么呢？因为生命归根结底是有限的，活得好就多活几年，自然是好事，值得追求。但是，如果丧失了生命的意义，丧失了人所崇尚的道德价值，只是偷生苟活，那么多活几年只是增加了羞耻，又有何意义呢？

所以文天祥又说："人生自古谁无死，留取丹心照汗青。"

可惜很多人就是想不透这个道理。"自古艰难唯一死"，多少人在死亡面前不能坚持节操，临难求生，不惜做变节叛国之徒，最后还是不免一死。颜之推感叹说：**"自乱离已来，吾见名臣贤士，临难求生，终为不救，徒取窘辱，令人愤懑。"**（自丧乱以来，我见到一些名吏和贤士，面对危难苟且求生，结果并未得救，白白地遭致窘迫和羞辱，真令人愤懑。）

颜之推还说，在动乱危难面前，只有少数名士能够坚持节操，倒是有许多女子反而表现得很勇敢，令他不胜感慨：**"何贤智操行若此之难？婢妾引决若此之易？悲夫！"**（为什么那些贤良明智的吏士坚守操行就那么困难？而侍婢、小妾自杀竟如此容易呢？真让人悲哀呀！）在古代，女子是受教育较少的群体，却胜过有着良好教育的男人们，这确实值得反思。正如在当今，学历高的人在大是大非的问题上，有时反不如学历低的人，这跟颜之推讲的是一个道理，同样值得反思。

颜氏家族后代子孙中出了不少宁死不屈的忠臣，如果颜之推死后有知，他一定会为自己的后代感到骄傲。唐朝的著名书法家颜真卿就是他的五世孙，官拜平原太守，在平定李希烈之乱中不屈而死；颜真卿的堂兄颜杲卿官拜常山太守，在安史之乱中骂贼而死；颜杲卿的儿子颜季明也在"安史之乱"中英勇牺牲。一门忠烈，没有辜负祖先的教导。看来，《颜氏家训》一书还真是起到了教育子孙的良好作用。

关于《颜氏家训》，到此已经讲了十二章内容。我觉得这十二章中牵涉的问题至今尚有现实意义，尤其对于迫切需要一套系统的教育方法来应用于生活的家长们来说，这十二章所提到的内容，具有很强的实践性。虽然颜之推生活在距今一千四百多年前，但他所看到的教育问题，至今依然存在。《颜氏家训》不只谈了家长如何教孩子，而且点明家长应该首先管理好自己。就这一点而言，家长们不能只把《颜氏家训》当成教育读本，也应把它当成修身读本。

《颜氏家训》中还有其他一些内容，例如如何写文章、如何做学问等等，因为比较专门，也受到时代的局限，在本书里暂且略去不谈。我特意嘱托本书的出版方，希望他们能在文后附上《颜氏家训》的全文，供大家对照阅读，以期收到更好的效果。

祝愿所有的家庭都幸福美满。

# 颜氏家训

北齐・颜之推

# 《颜氏家训》原文注读

# 卷一　序致　教子　兄弟　后娶　治家

## 序致第一

夫圣贤之书，教人诚孝[1]，慎言检迹[2]，立身扬名，亦已备矣。魏、晋已来[3]，所着诸子[4]，理重事复，递相模效[5]，犹屋下架屋，床上施床耳[6]。吾今所以复为此者，非敢轨物范世也[7]，业以整齐门内[8]，提撕子孙[9]。夫同言而信，信其所亲；同命而行，行其所服。禁童子之暴谑[10]，则师友之诫，不如傅婢之指挥[11]；止凡人之斗阋[12]，则尧、舜之道，不如寡妻之诲谕[13]。吾望此书为汝曹之所信，犹贤于傅婢寡妻耳。

---

1.　诚孝：即忠孝，隋人为避文帝父杨忠之讳而将“忠”改为“诚”。
2.　检迹：行为自持，不放纵之意。是六朝时的习用语。
3.　已：通“以”。
4.　诸子：本指先秦诸子，这里指魏晋以来的人阐述儒家学说的著述。
5.　模效：模拟、仿效。
6.　屋下架屋，床上施床：这是六朝、隋、唐时的习用语。比喻重复他人的行为而无所创新。
7.　轨物：作为事物的规范。
8.　门内：家庭内部。
9.　提撕：扯拉，提引。此处引申为提醒、教导之意。
10.　暴谑（xuè）：过分开玩笑。
11.　傅婢：即侍婢。
12.　斗阋（xì）：指家庭内兄弟之间的争执。
13.　寡妻：嫡妻，正妻。

吾家风教[1]，素为整密。昔在龆龀[2]，便蒙诱诲；每从两兄，晓夕温清[3]。规行矩步[4]，安辞定色[5]，锵锵翼翼[6]，若朝严君焉[7]。赐以优言，问所好尚，励短引长，莫不恳笃[8]。年始九岁，便丁荼蓼[9]，家涂离散，百口索然[10]。慈兄鞠养[11]，苦辛备至；有仁无威，导示不切[12]。虽读《礼》、《传》[13]，微爱属文[14]，颇为凡人之所陶染，肆欲轻言，不修边幅。

年十八九，少知砥砺[15]，习若自然，卒难洗荡[16]。二十已后，大过稀焉；每常心共口敌，性与情竞[17]，夜觉晓非，今悔昨失，自怜无教，以至于斯。追思平昔之指[18]，铭肌镂骨[19]，非徒古书之诫，经目过耳也。故留此二十篇，以为汝曹后车耳[20]。

---

1. 风教：指家风家教。
2. 龆龀（tiáo chèn）：儿童垂髫换齿之时，指童年。龆，通“髫”。
3. 晓夕温凊（qìng）：这是古代子女依照礼节侍奉父母的意思。凊：寒、凉。
4. 规行矩度：比喻举动合乎法度。规、矩：原意为圆规和直尺，引申为准则、法度。
5. 安辞定色：表示神色安详，语言平和。
6. 锵锵翼翼：形容行走时恭敬有礼的样子。
7. 严君：旧时对父母的尊称，多指父亲。
8. 恳笃：十分恳切。
9. 便丁荼蓼（tú liǎo）：这里喻指丧父。丁：遭遇，碰上。荼蓼：荼味苦，蓼味辛，比喻艰难困苦。
10. 百口索然：家里人丁萧索。百口：古代大家庭人口众多，故称百口。索然：离散零落的样子。
11. 鞠养：抚养，养育。
12. 导示不切：（对我的）督导不够严厉。切：严厉。
13. 《礼》《传》：指《周礼》与《春秋左氏传》。
14. 属（zhǔ）文：联字造句，即写文章。
15. 少知砥砺：渐渐懂得要磨砺自己的品性。少：同“稍”。砥砺：原指磨刀石，引申为磨炼。
16. 习若自然，卒难洗荡：表示习惯已成自然，很难彻底改掉不良习惯。
17. 心共口敌，性与情竞：意思是说，嘴巴容易信口开河，而心就是负责来制约它的。人的理性和情欲处于一种相互对立、相互竞争、此消彼长的矛盾中的。
18. 指：通“旨”，意旨，意向。
19. 铭肌镂骨：形容印象深刻，永志不忘。铭、镂都是刻的意思。
20. 后车：后继之车，引申为借鉴。

## 教子第二

上智不教而成，下愚虽教无益，中庸之人[1]，不教不知也。古者，圣王有胎教之法：怀子三月，出居别宫，目不邪视，耳不妄听[2]，音声滋味，以礼节之。书之玉版[3]，藏诸金匮[4]。生子咳提[5]，师保固明孝仁礼义[6]，导习之矣。凡庶纵不能尔[7]，当及婴稚[8]，识人颜色，知人喜怒，便加教诲，使为则为，使止则止。比及数岁，可省笞罚[9]。父母威严而有慈，则子女畏慎而生孝矣。吾见世间，无教而有爱，每不能然；饮食运为[10]，恣其所欲，宜诫翻奖，应诃反笑，至有识知，谓法当尔。骄慢已习，方复制之[11]，捶挞至死而无威，忿怒日隆而增怨，逮于成长，终为败德[12]。孔子云："少成若天性，习惯如自然"是也。俗谚曰："教妇初来，教儿婴孩[13]。"诚哉斯语！

---

1. 中庸之人：指智力平常的人。
2. 目不邪视，耳不妄听：意思是眼不看不该看的东西，耳不听胡言乱语。
3. 玉版：刊刻文字的白石板。
4. 金匮：金属制作的藏书柜。
5. 咳提：指小孩的啼哭、笑闹。
6. 师保：古代担任教导皇室贵族子弟的官，有师有保，故统称"师保"。
7. 凡庶：普通百姓。
8. 婴稚：幼年。
9. 笞（chī）罚：拷打责罚。笞：用鞭杖或竹板打。
10. 运为：即行为，言行。
11. 骄慢已习，方复制之：意思是说子女骄横傲慢的习性已经养成了，才想到要去管制约束。
12. 逮于成长，终为败德：等到孩子长大成人了，终究会成为道德败坏的人。逮：到，及。
13. 教妇初来，教儿婴孩：教媳妇要趁刚到，教儿子要赶早。

凡人不能教子女者，亦非欲陷其罪恶；但重于诃怒[1]。伤其颜色，不忍楚挞惨其肌肤耳[2]。当以疾病为谕，安得不用汤药针艾救之哉[3]？又宜思勤督训者，可愿苛虐于骨肉乎[4]？诚不得已也。

---

1. 重：难的意思。
2. 楚挞（tà）：杖打。楚：荆条。挞：打。
3. 艾：艾叶。中医以艾叶熏陶人体以达到治疗目的。
4. 可愿：岂愿。

王大司马母魏夫人[1]，性甚严正；王在湓城时[2]，为三千人将，年逾四十，少不如意[3]，犹捶挞之，故能成其勋业。梁元帝时，有一学士，聪敏有才，为父所宠，失于教义：一言之是[4]，遍于行路，终年誉之；一行之非，揜藏文饰[5]，冀其自改。年登婚宦[6]，暴慢日滋，竟以言语不择[7]，为周逖抽肠衅鼓云[8]。

---

1. 王大司马：即王僧辩，南朝梁将领。以军功官拜大司马等官职。
2. 湓城：也称湓口，湓浦，是湓水汇入长江之处，故址在今江西九江市西。
3. 少：同“稍”。
4. 一言之是，遍于行路：意思是一句话说得好，父亲就到处宣扬。行路：路人，汉、魏、南北朝时的习用语，犹指陌生人。
5. 揜：通“掩”，掩盖，遮蔽。
6. 婚宦：结婚和为官。这里指成年。
7. 竟：终究，最终。
8. 衅：古代以牲血涂抹器物缝隙进行祭祀。

父子之严，不可以狎[1]；骨肉之爱，不可以简。简则慈孝不接，狎则怠慢生焉[2]。由命士以上[3]，父子异宫[4]，此不狎之道也；抑搔痒痛，悬衾箧枕[5]，此不简之教也。或问曰：“陈亢喜闻君子之远其子[6]，何谓也？”对曰：“有是也。盖君子之不亲教其子也，《诗》有讽刺之辞，《礼》有嫌疑之诫，《书》有悖乱之事，《春秋》有邪僻之讥，《易》有备物之象[7]：皆非父子之可通言，故不亲授耳。”

---

1. 狎（xiá）：亲近而态度不庄重。
2. 简则慈孝不接，狎则怠慢生焉：如果不拘礼节，那么慈爱、孝敬都谈不上，如果过分亲昵，那么就会产生放肆不敬之心。简：简慢，不拘礼节。
3. 命士：古代称读书做官者为“士”。命士指受朝廷爵命的士。
4. 宫：这里指房屋，住宅。
5. 悬衾箧（qiè）枕：把被子捆好悬挂起来，把枕头放进箱子里。箧：小箱子。
6. 陈亢喜闻君子之远其子：陈亢听到孔子疏远自己的儿子而感到高兴。陈亢：孔子弟子。此典故出自《论语·季氏》。

7.《诗》有讽刺之辞，《礼》有嫌疑之诫，《书》有悖乱之事，《春秋》有邪僻之讥，《易》有备物之象：《诗经》里有讽刺君主的言辞，《礼记》中有自避嫌疑的告诫，《尚书》里有悖礼作乱的记载，《春秋》里有对淫乱行为的指责，《易经》里有备物致用的卦象。

齐武成帝子琅邪王[1]，太子母弟也，生而聪慧，帝及后并笃爱之，衣服饮食，与东宫相准[2]。帝每面称之曰："此黠儿也[3]，当有所成。"及太子即位，王居别宫，礼数优僭[4]，不与诸王等；太后犹谓不足，常以为言。年十许岁，骄恣无节，器服玩好，必拟乘舆[5]；常[6]朝南殿，见典御进新冰[7]，钩盾献早李[8]，还索不得，遂大怒，訽曰[9]："至尊已有，我何意无？"不知分齐[10]，率皆如此。识者多有叔段[11]、州吁之讥[12]。后嫌宰相，遂矫诏斩之[13]，又惧有救，乃勒麾下军士[14]，防守殿门；既无反心，受劳而罢，后竟坐此幽薨[15]。

---

1. 齐武成帝：指北齐第五位皇帝高湛。琅邪王：指高湛第三个儿子高俨。
2. 东宫：太子所居之处，代之太子。准：比照。
3. 黠（xiá）：聪明。
4. 礼数优僭：指待遇十分优厚。礼数：古代按名位而份的礼仪等级制度。
5. 必拟乘舆：必定要和皇帝相比。乘舆：皇帝的车子，后用以代指皇帝。
6. 常：通"尝"，曾经。
7. 典御进新冰：典御官向皇帝进献新从地窖里取出的冰块。典御：古代主管帝王饮食的官员。
8. 钩盾献早李：钩盾令进献早熟的李子。钩盾：古代主管皇家园林等事项的官员。
9. 訽（gòu）：骂。
10. 分齐（jì）：本分定限、分寸的意思。
11. 叔段：春秋时郑国国君郑庄公的弟弟，从小因受母亲的溺爱纵容，骄纵不法，终至发动叛乱，被郑庄公平定，逃亡至共地，因此称为"共叔段"。
12. 州吁：春秋时卫国国君卫庄公的儿子，受到庄公的宠爱。哥哥桓公即位后，州吁作乱，自立为君，被大臣除掉。
13. 矫诏：假托的皇帝诏书。
14. 麾：指挥。
15. 坐：获罪。幽薨（hōng）：指王侯被囚禁而死。薨：古代称侯王死为"薨"。

人之爱子，罕亦能均；自古及今，此弊多矣。贤俊者自可赏爱，顽鲁者亦当矜怜[1]，有偏宠者，虽欲以厚之，更所以祸之。共叔之死[2]，母实为之。赵王之戮[3]，父实使之。刘表之倾宗覆族[4]，袁绍之地裂兵亡[5]，可为灵龟明鉴也[6]。

---

1. 顽鲁：顽劣愚钝，不敏锐。矜怜：怜悯。
2. 共叔：即叔段。
3. 赵王：指汉高祖刘邦与戚夫人的儿子赵隐王如意。据《史记·吕后本纪》载，戚夫人想以如意代太子，终未成。刘邦死后，吕后即毒死如意，又用残忍手段杀死戚夫人。
4. 刘表之倾宗覆族：典出《后汉书·刘表传》，刘表字景升，官镇南将军、荆州牧。刘表有刘琮、刘琦二子。刘琮因娶了刘表的后妻蔡氏的侄女为妻，受到偏宠。反之刘琦则被嫌弃。蔡氏不但在刘表面前说刘琦坏话，还立刘琮为继承人，终使兄弟反目。后曹操大军压境，刘琦逃亡江南，刘琮投降。
5. 袁绍之地裂兵亡：典出《后汉书·袁绍传》，袁绍为冀州牧，有三子：袁谭、袁熙、袁尚。官渡之战，袁绍败于曹操，发病而死。其部下因袁谭为长子，想立他为继承人，不料被袁尚的亲信假传袁绍遗命，立袁尚为继承人。后兄弟反目，以兵戎相对，终被曹操各个击破。
6. 灵龟明鉴：古人以龟壳占卜，以铜镜照形，故以此二物比喻可资借鉴的事物。

齐朝有一士大夫，尝谓吾曰："我有一儿，年已十七，颇晓书疏[1]，教其鲜卑语及弹琵琶[2]，稍欲通解，以此伏事公卿[3]，无不宠爱，亦要事也。"吾时俛而不答[4]。异哉，此人之教子也！若由此业，自致卿相，亦不愿汝曹为之。

---

1. 书疏：指文书信函等的书写工作。
2. 北齐显贵多为鲜卑族，且喜好弹琵琶，故当时以此为做官的门径。
3. 伏事：即服侍。伏，通"服"。
4. 俛（fǔ）：同"俯"，低头。

## 兄弟第三

夫有人民而后有夫妇，有夫妇而后有父子，有父子而后有兄弟：一家之亲，此三而已矣。自兹以往，至于九族[1]，皆本于三亲焉，故于人伦为重者也，不可不笃[2]。兄弟者，分形连气之人也[3]，方其幼也，父母左提右挈[4]，前襟后裾，食则同案[5]，衣则传服[6]，学则连业[7]，游则共方，虽有悖乱之人，不能不相爱也。及其壮也，各妻其妻，各子其子[8]，虽有笃厚之人[9]，不能不少衰也[10]。娣姒之比兄弟[11]，则疏薄矣；今使疏薄之人，而节量亲厚之恩[12]，犹方底而圆盖，必不合矣。惟友悌深至[13]，不为旁人之所移者，免夫！

1. 九族：指本身以上的父、祖、曾祖、高祖和以下的子、孙、曾孙、玄孙。也有包括异姓亲属而言的，以父族四、母族三、妻族二为“九族”。
2. 笃：这里表示重视。
3. 分形连气：形体各别，气息相通。形容父母子女之间关系密切。
4. 挈（qiè）：领，扶持。
5. 案：古代一种放食器的盘子。
6. 传服：指大孩子用过的衣服传给小孩子穿。
7. 连业：哥哥用过的经籍，又给弟弟使用。业：古代书写经籍用的大版。
8. 各妻其妻，各子其子：各自娶了妻子，各自有了孩子。
9. 笃厚：老实忠厚。
10. 少：同“稍”，渐渐。衰：减弱。这里指兄弟间的感情渐渐疏远。
11. 娣姒（dì sì）：兄弟之妻互称。娣，弟妹。姒，嫂。
12. 节量：节制度量的意思。为六朝时的习用语。
13. 友：兄弟相互亲近。悌：敬爱兄长。

二亲既殁[1]，兄弟相顾，当如形之与影，声之与响；爱先人之遗体[2]，惜己身之分气[3]，非兄弟何念哉[4]？兄弟之际，异于他人，望深则易怨[5]，地亲则易弭[6]。譬犹居室，一穴则塞之，一隙则涂之，则无颓毁之虑；如雀鼠之不恤[7]，风雨之不防，壁陷楹沦[8]，无可救矣。仆妾之为雀鼠，妻子之为风雨，甚哉！

1. 殁（mò）：死。
2. 先人：指死去的父母。遗体：古人认为自己的身子为父母死后而遗留下来的。
3. 分气：从父母那里分得的血气。
4. 念：爱怜。
5. 望：期望。
6. 地亲：地近情亲。弭：止息。
7. 雀鼠之不恤：对麻雀、老鼠的侵害不放在心上。恤：忧虑。
8. 楹：厅堂前的柱子。沦：没落、塌陷。这里指摧折。

兄弟不睦，则子侄不爱[1]；子侄不爱，则群从疏薄[2]；群从疏薄，则僮仆为雠敌矣。如此，则行路皆踖其面而蹈其心[3]，谁救之哉？人或交天下之士，皆有欢爱，而失敬于兄者，何其能多而不能少也！人或将数万之师，得其死力[4]，而失恩于弟者，何其能疏而不能亲也！

1. 子侄：儿子和侄子，泛称晚辈。
2. 群从：同“子侄”，同辈的族中子弟。
3. 踖（jí）：践踏。蹈：踩。
4. 死力：最大的力量，这里指以死效力。

娣姒者，多争之地也，使骨肉居之[1]，亦不若各归四海，感霜露而相思[2]，伫日月之相望也[3]。况以行路之人，处多争之地，能无间者[4]，鲜矣。所以然者，以其当公务而执私情[5]，处重责而怀薄义也；若能恕己而行[6]，换子而抚[7]，则此患不生矣。

1. 骨肉：这里指妯娌为同胞姊妹关系。
2. 感霜露而相思：出自《诗·秦风·蒹葭》：“蒹葭苍苍，白露为霜，所谓伊人，在水一方。”即此句所本。
3. 伫：久立。
4. 间：阻隔，隔阂。

5. 公务：这里指家庭内部的集体事务。
6. 恕己而行：本着仁爱之心行事。恕己：扩充自己的仁爱之心。
7. 换子而抚：互相交换孩子抚养。这里指把兄弟的子女当成自己的子女。

人之事兄[1]，不可同于事父，何怨爱弟不及爱子乎？是反照而不明也。沛国刘琎，尝与兄瓛连栋隔壁，瓛呼之数声不应，良久方答；瓛怪问之，乃曰："向来未着衣帽故也[2]。"以此事兄，可以免矣[3]。

---

1. 事：对待。
2. 向来：刚才。
3. 以此事兄，可以免矣：意思是以这样的方式敬事长兄，可以不必担心哥哥对弟弟不如自家的孩子了。

江陵王玄绍[1]，弟孝英、子敏，兄弟三人，特相友爱，所得甘旨新异[2]，非共聚食，必不先尝，孜孜色貌[3]，相见如不足者[4]。及西台陷没[5]，玄绍以形体魁梧，为兵所围；二弟争共抱持，各求代死，终不得解，遂并命尔[6]。

---

1. 江陵：县名。在今湖北省。
2. 甘旨：美味的食物。
3. 孜孜：勤勉的样子。
4. 相见如不足者：相见时仍觉自己替别人做得不够。
5. 西台：即江陵。
6. 并命：相从而死。为汉、魏、南北朝时的习用语。

## 后娶第四

吉甫[1]，贤父也，伯奇[2]，孝子也，以贤父御孝子[3]，合得终于天性[4]，而后妻间之[5]，伯奇遂放。曾参妇死[6]，谓其子曰："吾不及吉甫，汝不及伯奇。"王骏丧妻[7]，亦谓人曰："我不及曾参，子不如华、元。[8]"并终身不娶，此等足以为诫。其后，假继惨虐孤遗[9]，离闲骨肉，伤心断肠者，何可胜数。慎之哉！慎之哉！

---

1. 吉甫：尹吉甫，周宣王时大臣。
2. 伯奇：尹吉甫的长子。生母早死，后母欲立其子伯封为太子，便诬陷伯奇对她有邪念，吉甫一怒之下，放逐伯奇。伯奇作琴曲《履霜操》寄托哀思和悲情。吉甫后知真相，射杀后妻，并召回伯奇。
3. 御：驾驭，控制。这里指约束、管教。
4. 天性：这里指父子之间相互关爱的天性。
5. 间：挑拨离间。
6. 曾参：曾子，名参。孔子弟子，以孝著称。
7. 王骏：西汉成帝时的大臣，效仿曾子，妻死而不再娶。
8. 华、元：曾华、曾元，曾子之子。
9. 假继：继母。

江左不讳庶孽[1]，丧室之后[2]，多以妾媵终家事[3]；疥癣蚊虻[4]，或未能免，限以大分[5]，故稀斗阋之耻[6]。河北鄙于侧出[7]，不预人流[8]，是以必须重娶，至于三四[9]，母年有少于子者。后母之弟，与前妇之兄[10]，衣服饮食，爰及婚宦，至于士庶贵贱之隔[11]，俗以为常。身没之后，辞讼盈公门[12]，谤辱彰道路，子诬母为妾[13]，弟黜兄为佣[14]，播扬先人之辞迹[15]，暴露祖考之长短[16]，以求直己者，往往而有。悲夫！自古奸臣佞妾，以一言陷人者众矣！况夫妇之义，晓夕移之，婢仆求容，助相说引[17]，积年累月，安有孝子乎？此不可不畏。

---

1. 江左：即江东，长江下游以南地区。庶孽：封建社会称妾所生子女为庶孽。
2. 室：正室，即妻子。
3. 妾媵（yìng）：古代诸侯贵族子女出嫁，从嫁的妹妹或侄女称"媵"。后来统称侍妾为"妾媵"。终：结束，这里是一直管下去的意思。

4. 疥癣蚊虻（méng）：指家庭内部微小的矛盾纠纷。
5. 大分：名分。
6. 斗阋（xì）：兄弟争吵，相斗。
7. 河北：黄河以北地区。侧出：妾所生的子女。
8. 不预人流：不让他们平等参与各种家庭或社会事务。预：让……参与。人流：有身份者的行列。
9. 至于三四：（有的甚至）娶了有三四个。
10. 此二句中的"弟"、"兄"，都是指前妻、后妻的儿子而言。
11. 士庶：士族和庶族。当时士族和庶族不能通婚。庶族也不能像士族那样任清贵之官。
12. 讼：诉讼，打官司。
13. 子：这里指前妻之子。母：这里指后母。
14. 弟：这里指后母之子。兄：这里指前妻之子。黜：贬低。
15. 辞迹：言语，行迹。这句话是指传播先辈的隐私。
16. 祖考：指祖先。考，已去世的父亲。
17. 说（shuì）：劝说别人相信自己的话。引：引诱。

凡庸之性，后夫多宠前夫之孤[1]，后妻必虐前妻之子；非唯妇人怀嫉妒之情，丈夫有沈惑之僻[2]，亦事势使之然也。前夫之孤，不敢与我子争家，提携鞠养，积习生爱，故宠之；前妻之子，每居己生之上，宦学婚嫁[3]，莫不为防焉，故虐之。异姓宠则父母被怨[4]，继亲虐则兄弟为仇[5]，家有此者，皆门户之祸也。

---

1. 孤：这里指前夫死后留下的孩子。
2. 沉惑：沉迷、溺于所爱而不明。僻：不良嗜好。
3. 宦学：指做官和进学。
4. 异姓宠则父母被怨：父母宠爱异姓的孩子则会招致自己孩子的怨恨。异姓：指前夫之子。因为子女跟从父姓，前夫之子和继父姓不同，故称"异姓"。
5. 继亲：继母。

思鲁等从舅殷外臣[1]，博达之士也。有子基、谌，皆已成立[2]，而再娶王氏。基每拜见后母，感慕呜咽[3]，不能自持，家人莫忍仰视。王亦凄怆，不知所容，旬月求退[4]，便以礼遣，此亦悔事也。

1. 思鲁：字孔归，颜之推的长子。从舅：母亲的叔伯兄弟。
2. 成立：成长自立，即长大成人。
3. 感慕：感怀思慕。此指对死去生母的哀念。
4. 旬月：十天到一个月。退：这里指退婚。

《后汉书》曰："安帝时，汝南薛包孟尝[1]，好学笃行，丧母，以至孝闻[2]。及父娶后妻而憎包，分出之。包日夜号泣，不能去，至被殴杖。不得已，庐于舍外[3]，旦入而洒埽[4]。父怒，又逐之，乃庐于里门[5]，昏晨不废[6]。积岁余，父母惭而还之。后行六年服，丧过乎哀[7]。既而弟子求分财异居，包不能止，乃中分其财：奴婢引其老者[8]，曰：'与我共事久，若不能使也[9]。'田庐取其荒顿者[10]，曰：'吾少时所理[11]，意所恋也。'器物取其朽败者，曰：'我素所服食[12]，身口所安也。'弟子数破其产，还复赈给。建光中，公车特征[13]，至拜侍中[14]。包性恬虚，称疾不起，以死自乞。有诏赐告归也[15]。"

1. 汝南：郡名。孟尝：薛包的字。
2. 以至孝闻：因特别孝顺而闻名。
3. 庐：指搭建草棚。
4. 洒埽：洒水打扫。埽，同"扫"。
5. 里门：乡里之门。古人聚族列而居，以二十五家为里。
6. 昏晨不废：不废早晚向父母问安。
7. 丧过乎哀：守丧超过哀礼的限制。古代父母死后，子女应服丧三年，薛包行服六年，所以说"丧过乎哀"。
8. 引：取。
9. 若：你。
10. 荒顿：荒芜废弃。
11. 理：整理。
12. 素：平素，平时。服：用。
13. 公车：汉代官署名。
14. 拜：任命。侍中：官名。
15. 赐告：告病带职归家养病。

## 治家第五

夫风化者[1]，自上而行于下者也，自先而施于后者也。是以父不慈则子不孝，兄不友则弟不恭，夫不义则妇不顺矣。父慈而子逆，兄友而弟傲，夫义而妇陵[2]，则天之凶民，乃刑戮之所摄[3]，非训导之所移也[4]。

---

1. 风化：风俗教化。
2. 陵：侵侮，欺侮。
3. 摄：通“慑”，使人畏惧。
4. 移：改变。

笞怒废于家，则竖子之过立见[1]；刑罚不中[2]，则民无所措手足。治家之宽猛[3]，亦犹国焉。

---

1. 竖子：指未成年人。
2. 中：适当、合适。
3. 宽猛：宽大与严厉。这里指宽严标准。

孔子曰：“奢则不孙，俭则固；与其不孙也，宁固[1]。”又云：“如有周公之才之美，使骄且吝，其余不足观也已[2]。”然则可俭而不可吝已。俭者，省约为礼之谓也；吝者，穷急不恤之谓也。今有施则奢，俭则吝；如能施而不奢，俭而不吝，可矣。

---

1. “奢则不孙”四句：出自《论语·述而》。孙：通“逊”，恭顺。固：鄙陋。
2. “如有周公”三句：出自《论语·泰伯》。周公：姬旦，周文王之子，武王之弟。武王死后，辅佐成王。吝：吝啬。

生民之本，要当稼穑而食[1]，桑麻以衣。蔬果之畜，园场之所产；鸡豚之善[2]，埘圈之所生[3]。爰及栋宇器械，樵苏脂烛[4]，莫非种殖之物也。至能守其业者，闭门而为生之具以足，但家无盐井耳。今北土风俗，率能躬俭节用，以赡衣食；江南奢侈，多不逮焉[5]。

---

1. 稼穑（sè）：泛指农业生产。稼：播种谷物。穑：收获谷物。
2. 善：通"膳"，饭食。
3. 埘（shí）：鸡窝。圈：猪圈，牛羊圈。
4. 樵苏：做燃料用的柴草。
5. 逮：到，及。

梁孝元世，有中书舍人[1]，治家失度，而过严刻，妻妾遂共货刺客[2]，伺醉而杀之。

---

1. 中书舍人：官名，为中书省属官，任起草诏令之职，参与机密，权力甚重。
2. 货：贿赂，买通。

世间名士，但务宽仁；至于饮食饟馈，僮仆减损[1]，施惠然诺[2]，妻子节量，狎侮宾客，侵耗乡党[3]：此亦为家之巨蠹矣[4]。

---

1. 减损：这里指从中克扣。
2. 然诺：应允诺言。
3. 乡党：泛指乡里。
4. 蠹（dù）：蛀虫。这里指破坏家庭的人或事。

齐吏部侍郎房文烈，未尝嗔怒，经霖雨绝粮，遣婢籴米[1]，因尔逃窜，三四许日，方复擒之。房徐曰[2]："举家无食，汝何处来？"竟无捶挞。

尝寄人宅[3]，奴婢彻屋为薪略尽[4]，闻之颦蹙[5]，卒无一言。

---

1. 籴（dí）米：买米。
2. 徐：缓缓地。
3. 寄人宅：以宅寄人，即把房子借给别人居住。
4. 彻：通“撤”，拆毁。薪：柴火。
5. 颦蹙（pín cù）：皱眉皱额，比喻忧愁不乐。

裴子野有疏亲故属饥寒不能自济者[1]，皆收养之；家素清贫，时逢水旱，二石米为薄粥，仅得遍焉，躬自同之[2]，常无厌色。邺下有一领军[3]，贪积已甚，家童八百，誓满一千；朝夕每人肴膳，以十五钱为率[4]，遇有客旅，更无以兼[5]。后坐事伏法，籍其家产[6]，麻鞋一屋，弊衣数库，其余财宝，不可胜言。南阳有人，为生奥博[7]，性殊俭吝，冬至后女婿谒之[8]，乃设一铜瓯酒[9]，数脔獐肉[10]；婿恨其单率[11]，一举尽之。主人愕然，俯仰命益[12]，如此者再；退而责其女曰：“某郎好酒[13]，故汝常贫。”及其死后，诸子争财，兄遂杀弟。

---

1. 裴子野：南朝梁人，以孝行著称。
2. 躬自：自己，亲自。
3. 领军：官名，掌管禁兵。
4. 率：规格，标准。
5. 兼：增加。
6. 籍：征收，这里指没收。
7. 奥博：指富裕、积蓄丰厚。
8. 谒：拜见，拜访。
9. 瓯：盛酒的器具。
10. 脔（luán）：切成小块的肉。
11. 单率：苟简，小气。
12. 俯仰：周旋、应付。益：增加。这里指添酒加菜。
13. 郎：六朝人称呼女婿为“郎”。

妇主中馈[1]，惟事酒食衣服之礼耳。国不可使预政，家不可使干蛊[2]；如有聪明才智，识达古今，正当辅佐君子，助其不足，必无牝鸡晨鸣[3]，以致祸也。

1. 中馈：指妇女在家中主持饮食等事。
2. 干蛊（gǔ）：指主事，主持家政。
3. 无：勿，不要。牝（pìn）鸡晨鸣：比喻女子主事。

江东妇女，略无交游，其婚姻之家[1]，或十数年间，未相识者，惟以信命赠遗[2]，致殷勤焉。邺下风俗，专以妇持门户[3]，争讼曲直，造请逢迎[4]，车乘填街衢，绮罗盈府寺[5]，代子求官，为夫诉屈。此乃恒、代之遗风乎？南间贫素，皆事外饰，车乘衣服，必贵整齐；家人妻子，不免饥寒。河北人事[6]，多由内政[7]，绮罗金翠，不可废阙，羸马悴奴[8]，仅充而已；倡和之礼[9]，或尔汝之[10]。

1. 婚姻之家：指亲家。
2. 信命赠遗：派使者传达书信问候，赠送礼物。
3. 持门户：掌管家庭事务。
4. 造请逢迎：泛指应酬交际。造请：登门晋见。逢迎：接待。
5. 府寺：官署。
6. 河北：黄河以北地区。人事：交际应酬。
7. 内政：家庭内部事务。这里借指主持家事的妻子。
8. 羸马：瘦弱的马。
9. 倡和：指夫唱妇随。
10. 尔汝：指夫妻间相互轻贱的称谓。

河北妇人，织纴组紃之事[1]，黼黻锦绣罗绮之工[2]，大优于江东也。

1. 织纴组紃（xún）：纴为缯帛，组和紃为丝带。这里借指妇女所从事的织作事务。
2. 黼黻（fǔ fú）：古代礼服上所绣的花纹。

太公曰[1]："养女太多，一费也。"陈蕃曰[2]："盗不过五女之门[3]。"女之为累，亦以深矣。然天生蒸民[4]，先人传体，其如之何？世人多不举女[5]，贼行骨肉，岂当如此，而望福于天乎？吾有疏亲，家饶妓媵，诞育将及，便遣阍竖守之[6]。体有不安[7]，窥窗倚户，若生女者，辄持将去[8]；母随号泣，使人不忍闻也。

1. 太公：姜太公。西周开国名臣。
2. 陈蕃：东汉名臣，曾上书朝廷，以养女儿太多易致家贫的道理，劝告皇帝不可蓄养过多嫔妃。
3. 盗不过五女之门：养五个女儿，五套嫁妆会把家弄得一贫如洗，连盗贼都不会光顾。
4. 蒸：众多的意思。
5. 举：生育，养育。
6. 阍（hūn）竖：守门人。
7. 体有不安：这里指分娩的时候。
8. 辄持将去：马上抱走杀害。辄：马上，立刻。持：抱走。

妇人之性，率宠子婿而虐儿妇。宠婿，则兄弟之怨生焉；虐妇，则姊妹之谗行焉。然则女之行留[1]，皆得罪于其家者，母实为之。至有谚云："落索阿姑餐[2]。"此其相报也。家之常弊，可不诫哉！

1. 行：指女儿出嫁。留：指儿子娶媳妇。
2. 落索：俗语，冷落萧索之意。阿姑：婆婆。

婚姻素对[1]，靖侯成规[2]。近世嫁娶，遂有卖女纳财，买妇输绢，比量父祖，计较锱铢[3]，责多还少，市井无异[4]。或猥婿在门，或傲妇擅室，贪荣求利，反招羞耻，可不慎欤！

1. 素对：清寒的配偶。
2. 靖侯：即颜之推九世祖颜含，字宏都，谥曰靖侯。成规：立下规矩。
3. 锱铢（zī zhū）：均为古代很小的计量单位。比喻微小的事物。
4. 市井：古代指做买卖之处，也用于指商贩。

借人典籍，皆须爱护，先有缺坏，就为补治，此亦士大夫百行之一也[1]。济阳江禄，读书未竟，虽有急速，必待卷束整齐[2]，然后得起，故无损败，人不厌其求假焉[3]。或有狼籍几案，分散部帙[4]，多为童幼婢妾之所点污，风雨虫鼠之所毁伤，实为累德[5]。吾每读圣人之书，未尝不肃敬对之；其故纸有《五经》词义，及贤达姓名，不敢秽用也[6]。

1. 百行：古代士大夫所订立身行己之道，共有百事，称之为“百行”。
2. 卷束：南北朝时期，书籍抄写在绢帛上，再卷成一卷收藏，谓之书卷。卷束，即卷起束理。
3. 假：同“借”。
4. 部：部分，类别。古代书籍多按内容分为部类收藏。帙：古人用以装书卷的布套。
5. 累德：对德行有损。
6. 秽用：用在不干净的地方。

吾家巫觋祷请[1]，绝于言议；符书章醮[2]，亦无祈焉，并汝曹所见也。勿为妖妄之费。

1. 巫觋（xí）：男女巫的合称。祷请：向鬼神祈祷请求。
2. 符书章醮：旧时道士用来驱鬼招神或治病延年的神秘文书。

# 卷二　风操　慕贤

## 风操第六

吾观《礼经》，圣人之教：箕帚匕箸[1]，咳唾唯诺[2]，执烛沃盥[3]，皆有节文[4]，亦为至矣。但既残缺，非复全书；其有所不载，及世事变改者，学达君子，自为节度[5]，相承行之，故世号士大夫风操。而家门颇有不同[6]，所见互称长短；然其阡陌[7]，亦自可知。昔在江南，目能视而见之，耳能听而闻之；蓬生麻中，不劳翰墨[8]。汝曹生于戎马之闲，视听之所不晓，故聊记录，以传示子孙。

---

1. 箕帚：畚箕和扫帚，指家内洒扫之事。匕箸：羹匙和筷子。
2. 咳唾：咳嗽吐唾液，比喻谈吐。唯诺：应答。
3. 执烛：手持蜡烛。沃盥（guàn）：浇水洗手。在这里指为长辈洗手应遵循的礼仪。
4. 节文：制定礼仪。
5. 节度：规则，法则。
6. 家门：家庭。
7. 阡陌：比喻途径、门路。
8. 蓬生麻中，不劳翰墨：出自《荀子·劝学》："蓬生麻中，不扶而直。"意思是就像蓬蒿生长在大麻中，不用依靠绳墨也长得很直一样。

《礼》曰："见似目瞿[1]，闻名心瞿。"有所感触，恻怆心眼；若在从容平常之地，幸须申其情耳。必不可避，亦当忍之；犹如伯叔兄弟，酷类先人，可得终身肠断，与之绝耶？又："临文不讳，庙中不讳，君所无私讳[2]。"益知闻名，须有消息[3]，不必期于颠沛而走也[4]。梁世谢举，甚有声誉，闻讳必哭，为世所讥。又有臧逢世，臧严之子也，笃学修行，不坠门风；孝元经牧江州，遣往建昌督事，郡县民庶，竞修笺书[5]，朝夕辐辏，几案盈积，书有称"严寒"者，必对之流涕，不省取记[6]，多废公事，物情怨骇[7]，竟以不办而还[8]。此并过事也。

---

1. 瞿（jù）：惊动不安的样子。
2. “临文”三句：指见诸文字时，不应因避家讳而改换字，以致失去事物的原貌；在宗庙里祭礼时，对被祭者的晚辈不用避讳；在君王面前也不应避自己先人的名讳。
3. 消息：斟酌。
4. 颠沛：困顿窘迫。这里形容听到先人名讳后立即趋避的狼狈摸样。
5. 笺书：指书信。
6. 辐辏：车轴集中于轴心，此喻信函聚集于官署。
7. 省：察看。此指观看、阅览。
8. 物情：人情。
9. 不办：无能，不称职。

近在扬都[1]，有一士人讳审[2]，而与沈氏交结周厚[3]，沈与其书，名而不姓，此非人情也。

---

1. 扬都：扬州。
2. 讳：忌讳。
3. 周厚：关系亲密。

凡避讳者，皆须得其同训以代换之[1]：桓公名白[2]，博有五皓之称[3]；厉王名长[4]，琴有修短之目。不闻谓布帛为布皓，呼肾肠为肾修也[5]。梁武小名阿练[6]，子孙皆呼练为绢；乃谓销炼物为销绢物，恐乖其义[7]。或有讳云者，呼纷纭为纷烟；有讳桐者，呼梧桐树为白铁树，便似戏笑耳。

---

1. 同训：同义词。代换：指以同义词替换避讳字。
2. 桓公：齐桓公，春秋五霸之首，名小白。
3. 博：指博戏，是古代的一种棋戏。
4. 厉王：西汉淮南厉王，姓刘，名长。
5. “不闻”二句：句中“帛”与“白”音同，“肠”与“长”音同，故颜之推有此讥。

6. 梁武：梁武帝。
7. 乖：背离；不一致。

周公名子曰禽[1]，孔子名儿曰鲤，止在其身，自可无禁。至若卫侯、魏公子、楚太子[2]，皆名虮虱；长卿名犬子[3]，王修名狗子[4]，上有连及[5]，理未为通，古之所行，今之所笑也。北土多有名儿为驴驹、豚子者，使其自称及兄弟所名，亦何忍哉？前汉有尹翁归，后汉有郑翁归，梁家亦有孔翁归，又有顾翁宠；晋代有许思妣、孟少孤[6]，如此名字，幸当避之。

---

1. 名：这里为动词，给……取名。
2. 魏公子：应为韩公子。
3. 长卿：西汉著名文学家司马相如。
4. 王修：东晋外戚。王修小字苟子，六朝时人往往以“苟”“狗”通用。
5. 连及：牵连涉及。
6. 许思妣：许永，字思妣。妣：指母亲，后专指亡母。

今人避讳，更急于古。凡名子者，当为孙地[1]。吾亲识中有讳襄、讳友、讳同、讳清、讳和、讳禹，交疏造次[2]，一座百犯，闻者辛苦[3]，无憀赖焉[4]。

---

1. 为孙地：为孙辈留余地。
2. 交疏：即交往不深，交情疏浅。此处指交情疏浅的人。造次：仓猝。
3. 辛苦：此处是悲痛的意思。
4. 无憀（liáo）赖：无所依从。

昔司马长卿慕蔺相如[1]，故名相如，顾元叹慕蔡邕[2]，故名雍[3]，而后汉有朱伥字孙卿[4]，许暹字颜回[5]，梁世有庾晏婴[6]、祖孙登[7]，连古人姓为名字，亦鄙事也。

1. 蔺相如：战国时赵国大臣。
2. 蔡邕：东汉文学家、书法家。
3. 雍：同“邕”。
4. 孙卿：即荀卿（荀子）。
5. 颜回：即颜渊，春秋末鲁国人，孔子弟子。其德行为孔子所称道。
6. 晏婴：春秋时齐国大夫。
7. 孙登：三国魏人，好读《易》，弹一玄琴，善啸。

昔刘文饶不忍骂奴为畜产[1]，今世愚人遂以相戏，或有指名为豚犊者：有识傍观，犹欲掩耳，况当之者乎？

1. 刘文饶：即东汉人刘宽，字文饶。畜产：畜生。骂人语。

近在议曹[1]，共平章百官秩禄[2]，有一显贵，当世名臣，意嫌所议过厚。齐朝有一两士族文学之人[3]，谓此贵曰：“今日天下大同[4]，须为百代典式，岂得尚作关中旧意[5]？明公定是陶朱公大儿耳[6]！”彼此欢笑，不以为嫌。

1. 议曹：官署名，掌言职。
2. 平章：评处、商酌。秩禄：俸禄。
3. 文学：汉代官名。
4. 大同：指国家统一。
5. 关中旧意：古代称函谷关以西为关中。隋建都大兴（今陕西西安），属关中地区。关中旧意是隋就统一天下前的情形而言。
6. 陶朱公：即春秋时越国大夫范蠡。

昔侯霸之子孙[1]，称其祖父曰家公；陈思王称其父为家父[2]，母为家母；潘尼称其祖曰家祖[3]：古人之所行，今人之所笑也。今南北风俗，言其祖及二亲，无云家者；田里猥人[4]，方有此言耳。凡与人言，言己世父[5]，以次第称之，不云家者，以尊于父[6]，不敢家也。凡言姑姊妹女子子[7]：已嫁，则以夫氏称之；在室[8]，则以次第称之。言礼成他族[9]，不得云家也。子孙不得称家者，轻略之也[10]。蔡邕书集，呼其姑姊为家姑家姊；班固书集，亦云家孙：今并不行也。

---

1. 侯霸：字君房，东汉人，官至大司徒。
2. 陈思王：曹操之子曹植。
3. 潘尼：晋代文学家。
4. 猥人：鄙俗之人。
5. 世父：伯父。
6. 尊于父：伯父较父亲年长，故云。
7. 女子子：女儿。
8. 在室：指女子未出嫁。
9. 成他族：指女子出嫁到婆家。
10. 轻略：轻视忽略。

凡与人言，称彼祖父母、世父母、父母及长姑[1]，皆加尊字，自叔父母已下，则加贤字，尊卑之差也。王羲之书，称彼之母与自称己母同，不云尊字，今所非也。

---

1. 长姑：父亲的姐姐。

南人冬至岁首，不诣丧家[1]；若不修书[2]，则过节束带以申慰[3]。北人至岁之日[4]，重行吊礼；礼无明文，则吾不取。南人宾至不迎，相见捧手而不揖，送客下席而已；北人迎送并至门，相见则揖，皆古之道也，吾善其迎揖[5]。

1. 诣：到……去；前往。
2. 修书：写信。这里指写信表达哀思。
3. 束带：整理衣服。表示端庄、恭敬。申慰：以示慰问。
4. 至岁：即“冬至”、“岁首”二节的缩略语。
5. 善：表示喜欢，赞许。

昔者，王侯自称孤、寡、不谷[1]，自兹以降，虽孔子圣师，与门人言皆称名也。后虽有臣仆之称，行者盖亦寡焉。江南轻重[2]，各有谓号[3]，具诸《书仪》；北人多称名者，乃古之遗风，吾善其称名焉。

1. 孤、寡、不谷：均为古代帝王诸侯的谦词。
2. 轻重：指尊卑贵贱。
3. 谓号：特定称谓。

言及先人，理当感慕，古者之所易，今人之所难。江南人事不获已[1]，须言阀阅[2]，必以文翰[3]，罕有面论者。北人无何便尔话说[4]，及相访问。如此之事，不可加于人也。人加诸己，则当避之。名位未高，如为勋贵所逼，隐忍方便[5]，速报取了；勿使烦重，感辱祖父。若没[6]，言须及者，则敛容肃坐，称大门中[7]，世父、叔父则称从兄弟门中，兄弟则称亡者子某门中，各以其尊卑轻重为容色之节，皆变于常。若与君言，虽变于色，犹云亡祖亡伯亡叔也。吾见名士，亦有呼其亡兄弟为兄子弟子门中者，亦未为安贴也[8]。北土风俗，都不行此。太山羊侃[9]，梁初入南；吾近至邺，其兄子肃访侃委曲[10]，吾答之云：“卿从门中在梁，如此如此。”肃曰：“是我亲第七亡叔[11]，非从也。”祖孝征在坐，先知江南风俗，乃谓之云：“贤从弟门中，何故不解？”

1. 不获已：不得已、无奈。
2. 阀阅：本作伐阅，指世家门第。
3. 文翰：指信札、公文书。
4. 无何：无故，没有由来。
5. 隐忍方便：随机应变或见机行事之意。隐忍，勉力含忍，不露真情。方便，机会。
6. 没：去世。
7. 大门中：对别人称自己已故的祖父和父亲。门中：称族中死者。
8. 安贴：妥帖，贴切。
9. 太山：即泰山。羊侃：字祖忻，徐州刺史。
10. 肃：羊侃的侄子。委屈：事情的始末经过。
11. 亲：汉魏至隋，习惯在亲戚称谓之上加“亲”字，以示其为直系的或最亲近的亲戚关系。

古人皆呼伯父叔父，而今世多单呼伯叔。从父兄弟姊妹已孤[1]，而对其前，呼其母为伯叔母，此不可避者也。兄弟之子已孤，与他人言，对孤者前，呼为兄子弟子，颇为不忍；北土人多呼为侄。案[2]：《尔雅》、《丧服经》、《左传》，侄虽名通男女，并是对姑之称[3]。晋世已来，始呼叔侄；今呼为侄，于理为胜也。

1. 从父：伯父、叔父的通称。
2. 案：考证。
3. 见《尔雅·释亲》《仪礼·丧服》《左传·僖公十四年》。《尔雅》：我国最早解释词义的专着。《丧服经》：即《仪礼》中的《丧服》篇。

别易会难，古人所重；江南饯送，下泣言离。有王子侯[1]，梁武帝弟，出为东郡，与武帝别，帝曰：“我年已老，与汝分张[2]，甚以恻怆。”数行泪下。侯遂密云[3]，赧然而出[4]。坐此被责，飘飖舟渚，一百许日，卒不得去。北间风俗，不屑此事，歧路言离，欢笑分首[5]。然人性自有少涕泪者，肠虽欲绝，目犹烂然[6]；如此之人，不可强责。

1. 王子侯：皇室所封列侯。
2. 分张：分别。六朝时的习用语。
3. 密云：言无泪。指强作悲凄之态而无泪。
4. 赧（nǎn）然：羞愧的样子。赧：因羞惭而脸红。
5. 分首：即分手。“手”“首”同音通用。
6. 烂然：目光炯炯的样子。

凡亲属名称，皆须粉墨[1]，不可滥也。无风教者[2]，其父已孤，呼外祖父母与祖父母同，使人为其不喜闻也。虽质于面，皆当加外以别之；父母之世叔父[3]，皆当加其次第以别之；父母之世叔母，皆当加其姓以别之；父母之群从世叔父母及从祖父母[4]，皆当加其爵位若姓以别之。河北士人，皆呼外祖父母为家公家母；江南田里间亦言之。以家代外，非吾所识。

1. 粉墨：本指白和黑。亦指区分黑白，分辨清楚。
2. 风教：风俗、教化。此处有教养之意。
3. 世叔父：世父与叔父。世父，指伯父。
4. 群从：指诸子侄辈。

凡宗亲世数，有从父[1]，有从祖[2]，有族祖[3]。江南风俗，自兹已往，高秩者[4]，通呼为尊，同昭穆者[5]，虽百世犹称兄弟；若对他人称之，皆云族人。河北士人，虽三二十世，犹呼为从伯从叔。梁武帝尝问一中土人曰[6]：“卿北人，何故不知有族？”答云：“骨肉易疏，不忍言族耳。”当时虽为敏对，于礼未通。

1. 从父：伯父、叔父统称“从父”。
2. 从祖：父亲的堂伯叔。
3. 族祖：祖父的堂伯叔。

4. 秩：官吏的俸禄。引申为官吏的职位或品级。
5. 昭穆：古代的宗法制度，指宗庙、墓地或神主的辈次排列。这里是同一祖宗之意。
6. 中土：中原。汉以后，以今河南一带为中土。

吾尝问周弘让曰："父母中外姊妹[1]，何以称之？"周曰："亦呼为丈人[2]。"自古未见丈人之称施于妇人也。吾亲表所行，若父属者，为某姓姑；母属者，为某姓姨。中外丈人之妇，猥俗呼为丈母[3]，士大夫谓之王母、谢母云[4]。而陆机集有与长沙顾母书[5]，乃其从叔母也，今所不行。

---

1. 中外：一称"中表"，即内外之意。
2. 丈人：对亲戚长辈的通称。
3. 丈母：称父辈的妻子。今指岳母。
4. 王母、谢母：王、谢乃虚指，即泛指王姓母、谢姓母之意。王、谢为六朝大姓，影响颇大。
5. 陆机：西晋文学家。

齐朝士子，皆呼祖仆射为祖公[1]，全不嫌有所涉也，乃有对面以相戏者。

---

1. 祖仆射（yè）：即北齐大臣祖珽。仆射：职官名，起于秦朝。

古者，名以正体[1]，字以表德，名终则讳之，字乃可以为孙氏[2]。孔子弟子记事者，皆称仲尼；吕后微时[3]，尝字高祖为季；至汉爰种[4]，字其叔父曰丝；王丹与侯霸子语[5]，字霸为君房；江南至今不讳字也。河北士人全不辨之，名亦呼为字，字固呼为字。尚书王元景兄弟[6]，皆号名人，其父名云，字罗汉，一皆讳之，其余不足怪也。

---

1. 正体：表明自身。
2. 氏：表明宗族的称号。为孙氏：用来作为孙辈的氏。
3. 吕后：西汉高祖的皇后吕雉。微时：指地位不高；没有名望的时候。
4. 爰种：西汉大臣爰盎之侄。
5. 王丹：东汉官吏，字仲回，历任太子少傅、太子太傅。
6. 王元景：即北齐官吏王昕。与其弟王莽均好学有名望。尚书为官名。

《礼•间传》云："斩缞之哭[1]，若往而不反[2]；齐缞之哭[3]，若往而反；大功之哭[4]，三曲而偯[5]；小功缌麻[6]，哀容可也，此哀之发于声音也。"《孝经》云[7]："哭不偯。"皆论哭有轻重质文之声也。礼以哭有言者为号[8]；然则哭亦有辞也。江南丧哭，时有哀诉之言耳；山东重丧[9]，则唯呼苍天，期功以下[10]，则唯呼痛深，便是号而不哭。

1. 斩缞（cuī）：旧时五种丧服中最重的一种。用粗麻布制成，左右和下边不缝。子及未嫁女对父母，媳对公婆，承重孙对祖父母，妻妾对夫，均服斩缞。
2. 往而不反：比喻，只想哭得一死了之。
3. 齐缞：五种丧服中列位二等。其服以粗疏的麻布制成，衣裳分制，缘边部分缝缉整齐，故名。
4. 大功：丧服五服之一。其服用熟麻布做成，较齐缞稍细，较小功为粗，故称大功。
5. 三曲而偯（yǐ）：形容拖着长腔哭声不止。偯，哭的余声。
6. 小功：五服中次于大功的丧服。其服以细熟麻布制成，较大功为细，较缌麻为粗，故称小功。缌麻：五种丧服中最轻的一种。
7. 《孝经》：儒家经典之一。
8. 礼：此处指丧礼。号：大声哭。
9. 山东：太行、恒山以东，即河北之地。
10. 期功：丧服等级中服期为一年的大功和小功。

江南凡遭重丧，若相知者，同在城邑，三日不吊则绝之；除丧[1]，虽相遇则避之，怨其不己悯也。有故及道遥者，致书可也；无书亦如之[2]。北俗则不尔[3]。江南凡吊者，主人之外，不识者不执手；识轻服而不识主人[4]，则不于会所而吊[5]，他日修名诣其家[6]。

1. 除丧：除去丧服。
2. 如之：如同那样。这里表示如同对待“三日不吊”者一样。
3. 尔：如此，这样。
4. 轻服：五种丧服中较轻的几种，如大功、小功、缌麻之类。
5. 会所：聚会的场所。这里指治丧的地方。
6. 名：名刺。等于现在的名片。修名：书写名刺。

阴阳说云[1]：“辰为水墓，又为土墓，故不得哭。”王充《论衡》云[2]：“辰日不哭，哭则重丧。”今无教者，辰日有丧，不问轻重，举家清谧[3]，不敢发声，以辞吊客。道书又曰：“晦歌朔哭[4]，皆当有罪，天夺其算[5]。”丧家朔望[6]，哀感弥深，宁当惜寿，又不哭也？亦不谕[7]。

1. 阴阳说：《群书类编故事》卷二，“说”作“家”。阴阳家，战国时提倡阴阳五行说的一个学派。
2. 王充：东汉时哲学家。《论衡》为其代表作。
3. 清谧：清静。
4. 晦：阴历每月的最后一日。朔：阴历每月初一。
5. 算：寿命。
6. 望：阴历每月十五日。
7. 谕：明白，理解。

偏傍之书[1]，死有归杀[2]。子孙逃窜，莫肯在家；画瓦书符[3]，作诸厌胜[4]；丧出之日，门前然火，户外列灰[5]，祓送家鬼[6]，章断注连[7]：凡如此比，不近有情，乃儒雅之罪人，弹议所当加也[8]。

1. 偏傍之书：指旁门左道之书。偏傍：不正。
2. 归杀：亦作归煞、回煞。旧时迷信谓人死后若干日灵魂回家一次叫“归煞”。由此而有避煞、逃煞、防煞的风俗。
3. 画瓦：旧时在瓦片上画图像以镇邪。
4. 厌胜：古代的一种巫术，谓能以诅咒制胜，压服人或物。

5. 户外列灰：在门外铺灰，以观死人魂魄之迹。为一种迷信活动。
6. 祓（fú）：古代习俗，为除灾去邪而举行仪式。
7. 章断注连：上章以求断绝死者之映染及旁人。注连：传染的意思。
8. 弹议：舆论批评。

己孤，而履岁及长至之节[1]，无父，拜母、祖父母、世叔父母、姑、兄、姊，则皆泣；无母，拜父、外祖父母、舅、姨、兄、姊，亦如之：此人情也。

---

1. 履岁：一年之始，指元旦。长至：夏至、冬至的别称。此处当指冬至。

江左朝臣，子孙初释服[1]，朝见二宫[2]，皆当泣涕；二宫为之改容。颇有肤色充泽，无哀感者，梁武薄其为人，多被抑退[3]。裴政出服[4]，问讯武帝[5]，贬瘦枯槁，涕泗滂沱，武帝目送之曰："裴之礼不死也[6]。"

---

1. 释服：与下文"出服"义同，是说丧期已满，除去丧服。
2. 二宫：指皇帝和太子。
3. 抑退：贬退降谪。
4. 裴政：隋朝人，字德表。仕梁，以军功封夷陵侯；仕隋为襄阳总管。善于从政，令行禁止，被称为"神明"。
5. 问讯武帝：遵循佛教礼节朝觐梁武帝（因梁武帝信奉佛教）。问讯：僧尼等向人曲躬合掌致敬，谓之"问讯"。
6. 裴之礼：裴政之父。字子义，南朝梁人。任西豫州刺史，历位黄门侍郎。

二亲既没，所居斋寝[1]，子与妇弗忍入焉。北朝顿丘李构[2]，母刘氏，夫人亡后，所住之堂，终身锁闭，弗忍开入也。夫人，宋广州刺史纂之孙女，故构犹染江南风教。其父奖[3]，为扬州刺史，镇寿春，遇害。构尝与王松年、祖孝征数人同集谈燕[4]。孝征善画，遇有纸笔，图写为人。顷之，因割鹿尾，戏截画人以示构[5]，而无他意。构怆然动色，便起就马而去。举坐惊骇，莫测其情。祖君寻悟，方深反侧[6]，当时罕有能感此者。吴郡陆襄，父闲被刑[7]，襄终身布衣蔬饭，虽姜菜有切割，皆不忍食；居家惟以掐摘供厨[8]。江宁姚子笃，母以烧死，终身不忍啖炙[9]。豫章熊康父以醉而为奴所杀，终身不复尝酒。然礼缘人情，恩由义断，亲以噎死，亦当不可绝食也。

1. 斋寝：斋戒时居住处。
2. 顿丘：旧时郡名。西晋泰始二年，治所在顿丘（在今河南清丰西南）。李构：北朝北齐人。少以方正见称，袭爵武邑郡公。齐初，降爵为县侯，位终太府卿。下文李奖之子。
3. 奖：即李奖，北朝后魏人。自太尉参军累迁相州刺史，元颢人洛，兼尚书左仆射，慰劳徐州，遂被害。
4. 王松年：北朝北齐人。年少知名，孝昭帝擢拜给事黄门侍郎。孝昭帝死后，迁升散骑常侍，食高邑县侯。
5. 截画人：斩断画的人像。
6. 反侧：形容不安。
7. 闲：陆闲，陆襄之父。字遐业，南朝南齐人。官至扬州别驾。永元末，因刺史作乱未报，遭诛杀。
8. 掐摘：用手掐断菜蔬以代替刀切。
9. 啖：吃。炙：烤肉。

《礼经》[1]：父之遗书，母之杯圈，感其手口之泽，不忍读用[2]。政为常所讲习[3]，雠校缮写[4]，及偏加服用[5]，有迹可思者耳。若寻常坟典[6]，为生什物[7]，安可悉废之乎？既不读用，无容散逸[8]，惟当缄保[9]，以留后世耳。

1. 《礼经》：此处指《礼记》。
2. “父之遗书”四句：出自《礼记·玉藻》。大意是，父亲遗留下来的书籍，母亲用过的口杯，子女感到上面有父母的手泽与口泽，就不忍心阅读和使用。手口之泽：指手汗和口气的滋润。
3. 政：通“正”，只。
4. 雠（chóu）校：又作“校雠”，即校勘。
5. 服用：使用。

6. 坟典：旧时“三坟”“五典”“八索”“九丘”都是书名。在这里为书籍的代称。
7. 为生：营生。什物：常用器物。
8. 散逸：分散丢失。
9. 缄：封闭。

思鲁等第四舅母，亲吴郡张建女也，有第五妹，三岁丧母。灵床上屏风，平生旧物，屋漏沾湿，出曝晒之，女子一见，伏床流涕。家人怪其不起，乃往抱持；荐席淹渍[1]，精神伤怛[2]，不能饮食。将以问医，医诊脉云：“肠断矣[3]！”因尔便吐血，数日而亡。中外怜之，莫不悲叹。

---

1. 荐席：铺在地上坐的垫席。
2. 伤怛（dá）：悲伤痛苦。
3. 肠：指内心、情怀。肠断指悲痛至极。

《礼》云：“忌日不乐[1]。”正以感慕罔极[2]，恻怆无聊[3]，故不接外宾，不理众务耳。必能悲惨自居，何限于深藏也？世人或端坐奥室[4]，不妨言笑，盛营甘美，厚供斋食；迫有急卒[5]，密戚至交，尽无相见之理：盖不知礼意乎！

---

1. 忌日：旧指父母去世的日子，因禁忌饭酒作乐，故称。
2. 罔极：指对于父母的无穷哀思。
3. 无聊：这里是不快乐的意思。
4. 奥室：内室，深宅。
5. 卒：通“猝”，仓猝。

魏世王修母以社日亡[1]；来岁社日[2]，修感念哀甚，邻里闻之，为之罢社。今二亲丧亡，偶值伏腊分至之节[3]，及月小晦后，忌之外，所经此日，犹应感慕，异于余辰，不预饮燕、闻声、乐及行游也。

1. 王修：三国北海营陵人。曾附袁绍，后归曹操，历任魏郡太守、大司农、郎中舍、奉常等职。
2. 社日：祭祀社神之日。
3. 伏腊：即伏日、腊日。这里专指三伏中祭祀的一天。

刘绦、缓、绥，兄弟并为名器[1]，其父名昭[2]，一生不为照字，惟依《尔雅》火旁作召耳。然凡文与正讳相犯[3]，当自可避；其有同音异字，不可悉然。刘字之下，即有昭音[4]。吕尚之儿，如不为上；赵壹之子[5]，傥不作一[6]：便是下笔即妨，是书皆触也。

1. 名器：知名之器，即"名人"。旧时称"人才"为"器"。
2. 昭：刘昭，南朝梁平原高唐人。勤学善着文，官至郯县令。
3. 正讳：指人的正名。
4. 刘字之下，即有昭音：繁体"刘"字下半部是"钊"，与"昭"同音。
5. 赵壹：东汉辞赋家。汉阳西县人。曾作《刺世疾邪赋》。原有文集，已失传。
6. 傥：同"倘"。如果，假如。

尝有甲设宴席，请乙为宾；而旦于公庭见乙之子[1]，问之曰："尊侯早晚顾宅[2]？"乙子称其父已往。时以为笑。如此比例[3]，触类慎之[4]，不可陷于轻脱。

1. 公庭：朝廷，公室。
2. 尊侯：对他人父亲的尊称。早晚：这里是几时的意思，为六朝时的习用语。
3. 比例：可以比照的类似事例。
4. 触：凡是。

江南风俗，儿生一期[1]，为制新衣，盥浴装饰，男则用弓矢纸笔，女则刀尺针缕，并加饮食之物，及珍宝服玩，置之儿前，观其发意所取，以验贪廉愚智，名之为试儿。亲表聚集，致燕享焉。自兹已后，二亲若在，每至此日，尝有酒食之事耳。无教之徒，虽已孤露[2]，其日皆为供顿[3]，酣畅声乐，不知有所感伤。梁孝元年少之时，每八月六日载诞之辰，常设斋讲；自阮修容薨殁之后，此事亦绝。

---

1. 期：指一周年。
2. 孤露：孤单无所荫庇。指丧父、丧母或父母双丧。
3. 供顿：设宴待客。

人有忧疾，则呼天地父母，自古而然。今世讳避，触途急切[1]。而江东士庶，痛则称祢[2]。祢是父之庙号，父在无容称庙[3]，父殁何容辄呼？《苍颉篇》有倄字[4]，训诂云[5]："痛而謼也，音羽罪反[6]。"今北人痛则呼之。《声类》音于耒反[7]，今南人痛或呼之。此二音随其乡俗，并可行也。

---

1. 触途：各方面，处处。
2. 祢（mí）：父亲死后在宗庙中立主之称。
3. 无容：不可以。
4. 《苍颉篇》：字书。秦朝丞相李斯著。今失传，后人有辑本。
5. 训诂：解释古书字义。又作"诂训""训故""故训"。
6. 反：即"反切"。传统的一种注音方法，用两个字拼合成一个字的音，上字取声，下字取韵和调。
7. 《声类》：韵书。魏左校令李登著。已失传。

梁世被系劾者[1]，子孙弟侄，皆诣阙三日[2]，露跣陈谢[3]；子孙有官，自陈解职。子则草屩粗衣[4]，蓬头垢面，周章道路[5]，要候执事[6]，叩头流血，申诉冤枉。若配徒隶[7]，诸子并立草庵于所署门，不敢宁宅[8]，动经旬日，官司驱遣，然后始退。江南诸宪司弹人事，事虽不重，而以教义见辱者，或被轻系而身死狱户者[9]，皆为怨雠，子孙三世不交通矣。到洽为御史中丞[10]，初欲弹刘孝绰[11]，其兄溉先与刘善，苦谏不得，乃诣刘涕泣告别而去。

---

1. 系劾：囚禁论罪。
2. 诣阙：赴皇帝的殿廷。
3. 露跣（xiǎn）：披散着头发，光着脚，以示谢罪。
4. 草屩（juē）：草鞋。
5. 周章：惶恐徘徊。
6. 要候：半路截拦等候。要：通“邀”。
7. 徒隶：旧称在狱中服役的犯人。
8. 宁宅：安居家中。
9. 狱户：狱门。即监狱。
10. 到洽：南朝梁彭城武原人。累迁御史中丞。为官刚直，不徇私情。
11. 刘孝绰：南朝梁彭城人，本名冉，字孝绰。幼聪慧，七岁能为文，被称为神童。历官尚书水部郎，累迁秘书丞。因携妾入官府，弃老母于下宅，被劾奏免官。

兵凶战危[1]，非安全之道。古者，天子丧服以临师[2]，将军凿凶门而出[3]。父祖伯叔，若在军阵，贬损自居[4]，不宜奏乐燕会及婚冠吉庆事也。若居围城之中，憔悴容色，除去饰玩，常为临深履薄之状焉[5]。父母疾笃，医虽贱虽少，则涕泣而拜之，以求哀也。梁孝元在江州，尝有不豫[6]；世子方等亲拜中兵参军李猷焉[7]。

---

1. 兵凶战危：兵器是凶器，战争是危险的事。
2. 天子丧服以临师：皇帝身穿丧服视察军队（表明军情紧迫）。
3. 凶门：旧时将军出征时，凿一扇向北的门，由此出发，以示必死的决心，叫“凶门”。
4. 贬损：屈节，贬抑。此处是约束的意思。
5. 临深履薄：形容小心翼翼、战战兢兢的样子。
6. 不豫：旧称帝王有病。
7. 方等：即梁元帝萧绎之子萧方等。

四海之人，结为兄弟，亦何容易。必有志均义敌[1]，令终如始者[2]，方可议之。一尔之后[3]，命子拜伏，呼为丈人，申父友之敬[4]；身事彼亲，亦宜加礼。比见北人，甚轻此节，行路相逢，便定昆季[5]，望年观貌，不择是非，至有结父为兄[6]，托子为弟者[7]。

---

1. 敌：相当，匹配。
2. 令终如始：即始终如一。
3. 一尔：一旦如此。
4. 父友：父之所交往，父辈朋友。
5. 昆季：兄弟。长为“昆”，幼为“季”。
6. 结父为兄：与父辈结为兄。
7. 托子为弟：与子侄辈结为弟。

昔者，周公一沐三握发，一饭三吐餐[1]，以接白屋之士[2]，一日所见者七十余人。晋文公以沐辞竖头须[3]，致有图反之诮[4]。门不停宾，古所贵也。失教之家，阍寺无礼[5]，或以主君寝食嗔怒，拒客未通[6]，江南深以为耻。黄门侍郎裴之礼，号善为士大夫，有如此辈，对宾杖之[7]；其门生僮仆[8]，接于他人，折旋俯仰[9]，辞色应对，莫不肃敬，与主无别也。

---

1. “周公”二句：出自《史记·鲁周公世家》，周公诫伯禽曰：“然我一沐三捉发，一饭三吐哺，起以待士，犹恐失天下之贤人。”形容求贤之心迫切。
2. 白屋：用茅草盖的屋，旧时也指没有做官的读书人住屋。
3. 晋文公：春秋时晋国国君，春秋五霸之一。竖头须：宫中一个名叫“头须”的小臣。
4. 图反：想法反常。
5. 阍寺：阍人和寺人。此处统指守门人。
6. 未通：不予通报。
7. 有如此辈，对宾杖之：发现家中有慢待宾客的仆人，就当着客人的面用棍棒打他。
8. 门生：此处指家中使役之人。
9. 折旋：曲行。旧时行礼时的动作。

## 慕贤第七

古人云："千载一圣，犹旦暮也；五百年一贤，犹比髆也[1]。"言圣贤之难得，疏阔如此[2]。傥遭不世明达君子[3]，安可不攀附景仰之乎？吾生于乱世，长于戎马，流离播越[4]，闻见已多；所值名贤，未尝不心醉魂迷向慕之也[5]。人在年少，神情未定，所与款狎[6]，熏渍陶染[7]，言笑举动，无心于学，潜移暗化，自然似之；何况操履艺能[8]，较明易习者也？是以与善人居，如入芝兰之室[9]，久而自芳也；与恶人居，如入鲍鱼之肆[10]，久而自臭也。墨子悲于染丝，是之谓矣。君子必慎交游焉。孔子曰："无友不如己者。"颜、闵之徒[11]，何可世得！但优于我，便足贵之[12]。

---

1. 比髆（bó）：并肩，挨得近。
2. 疏阔：间隔久远。
3. 傥：同"倘"。不世：世上所少有。
4. 播越：离散，流亡。
5. 心醉魂迷：形容仰慕之深。
6. 款狎：亲狎、亲昵。
7. 熏渍陶染：熏炙、渐渍、陶冶、濡染。
8. 操履：操守德行。
9. 芝兰：本应作"芷兰"，"芝"是借假字，"芷"和"兰"都是有香味的草本植物。
10. 鲍鱼之肆：卖盐渍鱼的店铺，气味腥臭。也以此比喻坏人与小人聚集的地方。
11. 颜、闵：指颜回和闵损。他们都是孔子学生中的杰出人物。
12. 贵：崇尚，敬重。

世人多蔽[1]，贵耳贱目，重遥轻近。少长周旋[2]，如有贤哲，每相狎侮，不加礼敬；他乡异县，微藉风声[3]，延颈企踵[4]，甚于饥渴。校其长短[5]，核其精麤，或彼不能如此矣。所以鲁人谓孔子为东家丘[6]，昔虞国宫之奇[7]，少长于君，君狎之，不纳其谏，以至亡国，不可不留心也。

---

1. 蔽：蒙蔽。此处引申为不通达的识见，即偏见。
2. 少长：从小长到大。周旋：本指旧时行礼时进退揖让的动作，此处引申为交往。
3. 藉：凭借，依靠。风声：名声。
4. 延：引"伸"。企踵：踮起脚后跟。这里形容殷切期盼。
5. 校：比较。
6. 东家丘：丘是孔子的名，孔子是鲁国人，因为住在东边，所以当地人随便叫他"东家丘"。并无敬意。
7. 虞国：周文王时建立的诸侯国。宫之奇：春秋时虞国大夫。

用其言，弃其身，古人所耻。凡有一言一行，取于人者，皆显称之[1]，不可窃人之美，以为己力；虽轻虽贱者，必归功焉。窃人之财，刑辟之所处[2]；窃人之美，鬼神之所责。

---

1. 称：声言，表明。
2. 刑辟：刑法，刑律。

梁孝元前在荆州，有丁觇者[1]，洪亭民耳，颇善属文，殊工草隶；孝元书记[2]，一皆使之。军府轻贱，多未之重，耻令子弟以为楷法[3]，时云："丁君十纸，不敌王褒数字。"吾雅爱其手迹[4]，常所宝持。孝元尝遣典签惠编送文章示萧祭酒[5]，祭酒问云："君王比赐书翰[6]，及写诗笔，殊为佳手，姓名为谁？那得都无声问[7]？"编以实答。子云叹曰："此人后生无比，遂不为世所称，亦是奇事。"于是闻者稍复刮目。稍仕至尚书仪曹郎[8]，末为晋安王侍读，随王东下。及西台陷殁[9]，简牍湮散，丁亦寻卒于扬州；前所轻者，后思一纸，不可得矣。

---

1. 丁觇：南朝梁洪亭人。善著文，工草隶，与智永齐名，世称"丁真永草"。
2. 书记：指文书抄写。
3. 楷法：学习书法的楷模。

4. 雅：甚，非常。
5. 典签：掌管文书的官吏。
6. 比：近来。书翰：书信。
7. 声问：声誉，名声。问：通“闻”。
8. 尚书仪曹郎：官名。梁朝尚书省设郎二十三人，仪曹郎是其中之一，职务掌管吉凶礼制。
9. 西台陷殁：台是台省，南北朝时称中央政府为“台省”。因梁元帝在江陵称帝，江陵在西，故称“西台”。元帝承圣三年，西魏攻陷江陵，杀元帝，即这里所说的“西台陷殁”。

侯景初入建业[1]，台门虽闭[2]，公私草扰[3]，各不自全。太子左卫率羊侃坐东掖门，部分经略[4]，一宿皆办，遂得百余日抗拒凶逆。于时，城内四万许人，王公朝士，不下一百，便是恃侃一人安之，其相去如此。古人云：“巢父、许由，让于天下；市道小人[5]，争一钱之利。”亦已悬矣。

1. 侯景：南朝梁人，曾发动兵变，攻破梁都建康（即建业）。
2. 台门：禁城之门。
3. 草扰：仓促杂乱。
4. 部分：部署安排。经略：策划处理。
5. 市道小人：市井小人。

齐文宣帝即位数年[1]，便沉湎纵恣，略无纲纪[2]；尚能委政尚书令杨遵彦[3]，内外清谧，朝野晏如[4]，各得其所，物无异议，终天保之朝[5]。遵彦后为孝昭所戮[6]，刑政于是衰矣[7]。斛律明月齐朝折冲之臣[8]，无罪被诛，将士解体[9]，周人始有吞齐之志，关中至今誉之。此人用兵，岂止万夫之望而已哉！国之存亡，系其生死。

1. 文宣帝：即北齐的建立者高洋，公元 550~559 年在位。即位后改定律令，修建长城。后以功业自矜，嗜酒昏狂，以淫乱残暴著称于世。
2. 纲纪：法纪。

3. 尚书令：尚书省长官，直接对君主负责，总揽一切政令的首脑。杨遵彦：北齐大臣，官至尚书令。文宣帝委政后，总摄机衡，百度修敕，旧时人言“主旨于上，政清于下”。
4. 晏如：平静。
5. 天保：北齐文宣帝年号，公元550~559年。
6. 孝昭：北齐孝昭帝高演，字延安。文宣帝同母之弟。
7. 刑政：刑律政令。
8. 斛律明月：即斛律光，字明月，北齐朔州人。长期从事对北周的战争。任左丞相。为后齐主所疑忌，被杀。折冲：使敌战车后撤，即击退敌军。
9. 解体：肢体解散。比喻人心叛离。

张延隽之为晋州行台左丞[1]，匡维主将[2]，镇抚疆埸[3]，储积器用，爱活黎民，隐若敌国矣[4]。群小不得行志，同力迁之[5]；既代之后，公私扰乱，周师一举，此镇先平。齐亡之迹，启于是矣。

---

1. 晋州：州名。北魏建义元年改唐州置。治所位于白马城。行台：在地方代表朝廷行尚书省事务的机构。
2. 匡维主将：辅助支持主将。匡，帮助。维，维护。
3. 疆埸（yì）：国界，边界。
4. 隐：威重貌。敌国：与国相匹敌。
5. 迁：贬谪，调离。

# 卷三 勉学

## 勉学第八

自古明王圣帝，犹须勤学，况凡庶乎！此事遍于经史，吾亦不能郑重[1]，聊举近世切要，以启寤汝耳[2]。士大夫子弟，数岁已上，莫不被教，多者或至礼、传，少者不失诗、论。及至冠婚，体性稍定；因此天机，倍须训诱。有志尚者，遂能磨砺，以就素业[3]；无履立者[4]，自兹堕慢[5]，便为凡人。人生在世，会当有业：农民则计量耕稼，商贾则讨论货贿[6]，工巧则致精器用，伎艺则沈思法术[7]，武夫则惯习弓马，文士则讲议经书。多见士大夫耻涉农商，差务工伎，射则不能穿札，笔则纔记姓名，饱食醉酒，忽忽无事[8]，以此销日，以此终年。或因家世余绪，得一阶半级[9]，便自为足，全忘修学；及有吉凶大事，议论得失，蒙然张口[10]，如坐云雾；公私宴集，谈古赋诗，塞默低头，欠伸而已[11]。有识旁观，代其入地[12]。何惜数年勤学，长受一生愧辱哉！

---

1. 郑重：频繁、反复多次。
2. 寤：同“悟”。使明白。
3. 素业：清修有为之业，即儒业。
4. 履立：操守品行。
5. 堕：同“惰”，散慢。
6. 货贿：货物、财物。
7. 伎艺：技艺；沈：通“沉”。
8. 忽忽：迷糊、恍惚。
9. 阶：官阶；级：品级、等第。
10. 蒙然：迷糊不清醒的样子。
11. 欠伸：倦时打哈欠和伸懒腰。
12. 入地：羞愧入地。

梁朝全盛之时，贵游子弟[1]，多无学术，至于谚云："上车不落则著作[2]，体中何如则秘书[3]。"无不熏衣剃面，傅粉施朱，驾长檐车[4]，跟高齿屐[5]，坐棋子方褥[6]，凭斑丝隐囊[7]，列器玩于左右，从容出入，望若神仙。明经求第[8]，则顾人答策[9]；三九公燕[10]，则假手赋诗。当尔之时，亦快士也[11]。及离乱之后，朝市迁革，铨衡选举[12]，非复曩者之亲[13]；当路秉权[14]，不见昔时之党。求诸身而无所得，施之世而无所用。被褐而丧珠，失皮而露质，兀若枯木[15]，泊若穷流，鹿独戎马之间[16]，转死沟壑之际。当尔之时，诚驽材也[17]。有学艺者，触地而安。自荒乱已来，诸见俘虏。虽百世小人，知读论语、孝经者，尚为人师；虽千载冠冕[18]，不晓书记者，莫不耕田养马。以此观之，安可不自勉耶？若能常保数百卷书，千载终不为小人也。

---

1. 贵游子弟：无官职的王公贵族叫"贵游"。这里泛指贵族子弟。
2. 著作：即著作郎。古代官名。
3. 体中何如：当时书信中的客套话。这里讽刺这些贵族子弟无才无学，仅仅能写一般问候的书信而已。
4. 长檐车：一种车幔盖过整个车身的马车。
5. 跟：穿屐。
6. 棋子方褥：方格图案的绮罗制成的方形坐褥。
7. 斑丝：杂色的丝织成品；隐囊：类似于今日的靠枕。
8. 明经：以经义取士，谓之明经。
9. 顾：通"雇"。
10. 三九：三公九卿。
11. 快士：佳士，优秀人物。
12. 铨衡：考核选拔人才。
13. 曩（nǎng）：过去。
14. 当路：执政，掌权。
15. 兀：同"杌"，没有枝叶的树木。
16. 鹿独：流离失所、颠沛的意思。
17. 驽材：蠢才。
18. 冠冕：指仕宦之家。

夫明"六经"之指[1]，涉百家之书，纵不能增益德行，敦厉风俗[2]，犹为一艺，得以自资[3]。父兄不可常依，乡国不可常保，一旦流离，无人庇荫，当自求诸身耳。谚曰："积财千万，不如薄伎在身。"伎之易习而可贵者，无过读书也。世人不问愚智，皆欲识人之多，见事之广，而不肯读书，是犹求饱而懒营馔[4]，欲暖而惰裁衣也。夫读书之人，自羲、农已来[5]，宇宙之下，凡识几人，凡见几事，生民之成败好恶[6]，固不足论，天地所不能藏，鬼神所不能隐也。

1. 六经：《诗》《书》《礼》《乐》《易》《春秋》六部儒家经典。指：同"旨"。
2. 敦厉：敦促劝励。
3. 自资：自谋生计。
4. 馔：食物。
5. 羲、农：即伏羲、神农、古代传说中的帝王。
6. 生民：百姓。

有客难主人曰[1]："吾见强弩长戟，诛罪安民，以取公侯者有矣；文义习吏[2]，匡时富国，以取卿相者有矣；学备古今，才兼文武，身无禄位，妻子饥寒者，不可胜数，安足贵学乎？"主人对曰："夫命之穷达，犹金玉木石也；修以学艺，犹磨莹雕刻也[3]。金玉之磨莹，自美其矿璞[4]，木石之段块，自丑其雕刻；安可言木石之雕刻，乃胜金玉之矿璞哉？不得以有学之贫贱，比于无学之富贵也。且负甲为兵，咋笔为吏[5]，身死名灭者如牛毛，角立杰出者如芝草[6]；握素披黄[7]，吟道咏德，苦辛无益者如日蚀，逸乐名利者如秋荼[8]，岂得同年而语矣[9]。且又闻之：生而知之者上，学而知之者次。所以学者，欲其多知明达耳。必有天才，拔群出类，为将则闇与孙武、吴起同术[10]，执政则悬得管仲、子产之教[11]，虽未读书，吾亦谓之学矣。今子即不能然，不师古之踪迹，犹蒙被而卧耳。

1. 主人：作者自称。
2. 文：文饰，此作阐释。义：法度。
3. 磨莹：磨治。
4. 矿璞：矿，未经冶炼的金属；璞，未经雕刻的玉石。
5. 咋笔：操笔。
6. 角立：像角一样挺立。芝草：即灵芝草。
7. 素：即绢素。黄：即黄卷。素、黄均代指书籍。
8. 荼：茅草的白花，因其秋天花开茂盛，故文中以秋荼比喻繁多。
9. 同年而语：即相提并论。
10. 孙武、吴起：春秋时期著名军事家。
11. 管仲、子产：春秋时著名政治家。

人见邻里亲戚有佳快者[1]，使子弟慕而学之，不知使学古人，何其蔽也哉？世人但见跨马被甲，长矟强弓[2]，便云我能为将；不知明乎天道，辩乎地利，比量逆顺，鉴达兴亡之妙也。但知承上接下，积财聚谷，便云我能为相[3]；不知敬鬼事神，移风易俗，调节阴阳，荐举贤圣之至也[4]。但知私财不入，公事夙办[5]，便云我能治民；不知诚己刑物[6]，执辔如组[7]，反风灭火[8]，化鸱为凤之术也[9]。但知抱令守律，早刑晚舍[10]，便云我能平狱；不知同辕观罪[11]，分剑追财[12]，假言而奸露，不问而情得之察也。爰及农商工贾，厮役奴隶，钓鱼屠肉，饭牛牧羊，皆有先达，可为师表，博学求之，无不利于事也。

1. 佳快：极好，优秀之意。
2. 矟（shuò）：古同“槊”，长矛。
3. 相：这里指宰相。
4. 至：周密。
5. 夙：早。
6. 刑物：给人做出榜样。刑：通“型”。
7. 执辔（pèi）如组：本指马车驾得好。比喻治教有方。辔：马缰绳。组：丝织成的宽带。
8. 反：同“返”，回的意思。
9. 化鸱（chī）为凤：比喻感化恶人，使其转变。鸱：猫头鹰，古人视之为恶鸟。

10. 早刑晚舍：早上判刑，晚上就赦免了。舍，通“赦”。

11. 同辕观罪：将犯人系在同一车辕上，使其明白自己所犯罪行。

12. 分剑追财：典出《风俗通》。沛郡有个富人，临死之际将全部财产交给女儿，并给女儿一把剑，让她等弟弟长到15岁时把剑交给他。弟弟到了15岁时，姐姐却不肯交出剑，二人告到官府，太守何武将家产全部判给弟弟。剑的寓意是决断。

夫所以读书学问，本欲开心明目，利于行耳。未知养亲者，欲其观古人之先意承颜[1]，怡声下气[2]，不惮劬劳[3]，以致甘腝[4]，惕然惭惧，起而行之也；未知事君者，欲其观古人之守职无侵，见危授命[5]，不忘诚谏，以利社稷，恻然自念，思欲效之也；素骄奢者，欲其观古人之恭俭节用，卑以自牧，礼为教本，敬者身基，瞿然自失[6]，敛容抑志也；素鄙吝者，欲其观古人之贵义轻财，少私寡欲，忌盈恶满，赒穷恤匮[7]，赧然悔耻，积而能散也；素暴悍者，欲其观古人之小心黜己，齿弊舌存，含垢藏疾，尊贤容众，苶然沮丧[8]，若不胜衣也[9]；素怯懦者，欲其观古人之达生委命[10]，强毅正直，立言必信，求福不回，勃然奋厉，不可恐慑也：历兹以往，百行皆然。纵不能淳，去泰去甚[11]。学之所知，施无不达。世人读书者，但能言之，不能行之，忠孝无闻，仁义不足；加以断一条讼，不必得其理；宰千户县[12]，不必理其民；问其造屋，不必知楣横而棁竖也[13]；问其为田，不必知稷早而黍迟也；吟啸谈谑，讽咏辞赋，事既优闲，材增迂诞[14]，军国经纶[15]，略无施用：故为武人俗吏所共嗤诋[16]，良由是乎！

---

1. 先意承颜：不用父母说出来便能迎合父母的心意。
2. 怡声下气：恭敬有礼，声气和平。
3. 劬（qú）劳：劳累。
4. 腝（ruǎn）：烂熟。
5. 授命：献出生命。
6. 瞿然：十分恐慌的样子。
7. 赒：周济，救济。
8. 苶（nié）然：十分疲惫的样子。

9. 不胜衣：谦恭有礼、退让的样子。
10. 达生委命：指参透人生、听凭命运的支配。达生：不受世务牵累的意思。
11. 去泰去甚：去其过甚，谓事宜适中。
12. 千户县：指最小的县。
13. 横：房屋的横梁。棁（zhuō）：梁上短柱。
14. 迂诞：迂阔荒诞，不合情理。
15. 经纶：“纶”指国家大事，“经”可作动词。经纶：治理国家，筹划大事。
16. 嗤诋：讥笑嘲骂。

夫学者所以求益耳。见人读数十卷书，便自高大，凌忽长者[1]，轻慢同列[2]；人疾之如雠敌，恶之如鸱枭[3]。如此以学自损，不如无学也。

---

1. 凌忽：即凌辱、轻慢。
2. 同列：指地位相同者。
3. 鸱枭：像猫头鹰之类的恶鸟。

古之学者为己，以补不足也；今之学者为人，但能说之也。古之学者为人，行道以利世也；今之学者为己，修身以求进也。夫学者犹种树也，春玩其华，秋登其实；讲论文章，春华也，修身利行，秋实也[1]。

---

1. 春华、秋实：以“春华”比喻学，以“秋实”比喻用。华：同“花”。

人生小幼，精神专利[1]，长成已后，思虑散逸，固须早教，勿失机也。吾七岁时，诵《灵光殿赋》，至于今日，十年一理，犹不遗忘；二十之外，所诵经书，一月废置，便至荒芜矣[2]。然人有坎壈[3]，失于盛年，犹当晚学，不可自弃。孔子云：“五十以学《易》，可以无大过矣。”

魏武、袁遗[4]，老而弥笃，此皆少学而至老不倦也。曾子七十乃学，名闻天下；荀卿五十[5]，始来游学，犹为硕儒；公孙弘四十余，方读《春秋》，以此遂登丞相；朱云亦四十，始学《易》《论语》；皇甫谧二十，始受《孝经》《论语》：皆终成大儒，此并早迷而晚寤也。世人婚冠未学，便称迟暮，因循面墙[6]，亦为愚耳。幼而学者，如日出之光，老而学者，如秉烛夜行，犹贤乎瞑目而无见者也。

---

1. 专利：专注集中。
2. 荒芜：比喻学业荒废。
3. 坎壈（lǎn）：困顿，不得志。
4. 魏武：即魏武帝曹操。袁遗：袁绍堂兄，任长安令。
5. 荀卿：名况，战国思想家、教育家。
6. 因循：守旧法而不知变更。此处指不愿再重新学习。面墙：比喻不学无术，一无所见。

学之兴废，随世轻重。汉时贤俊，皆以一经弘圣人之道，上明天时，下该人事[1]，用此致卿相者多矣。末俗已来不复尔[2]，空守章句，但诵师言，施之世务[3]，殆无一可。故士大夫子弟，皆以博涉为贵，不肯专儒。梁朝皇孙以下，总丱之年[4]，必先入学，观其志尚，出身已后[5]，便从文史，略无卒业者。冠冕为此者[6]，则有何胤、刘瓛、明山宾、周舍、朱异、周弘正、贺琛、贺革、萧子政、刘绦等，兼通文史，不徒讲说也。洛阳亦闻崔浩、张伟、刘芳，邺下又见邢子才：此四儒者，虽好经术，亦以才博擅名。如此诸贤，故为上品，以外率多田野闲人，音辞鄙陋，风操蚩拙[7]，相与专固，无所堪能，问一言辄酬数百，责其指归[8]，或无要会[9]。邺下谚云："博士买驴[10]，书券三纸，未有驴字。"使汝以此为师，令人气塞。孔子曰："学也禄在其中矣。"今勤无益之事，恐非业也。夫圣人之书，所以设教，但明练经文，粗通注义，常使言行有得，亦足为人；何必"仲尼居"即须两纸疏义，燕寝讲堂[11]，亦复何在？以此得胜，宁有益乎？光阴可惜，譬诸逝水。

当博览机要，以济功业；必能兼美，吾无间焉[12]。

1. 该：具备，完备。
2. 末俗：乱世的习俗。
3. 世务：谋生处世之事。
4. 总丱（guàn）之年：指童年时代。丱：古代儿童束的上翘的两只角辫。
5. 出身：指出仕。
6. 冠冕：此处为仕宦的代称。
7. 蚩拙：愚昧，笨拙。
8. 指归：主旨和意向。指：同“旨”，即主旨。
9. 要会：要旨。
10. 博士：国子学中主讲《经》的人。此处泛指执教的人。
11. 燕寝：闲居之处。
12. 无间：无话可说。间：此处是批评的意思。

俗间儒士，不涉群书，经纬之外[1]，义疏而已[2]。吾初入邺，与博陵崔文彦交游，尝说《王粲集》中难郑玄《尚书》事[3]。崔转为诸儒道之，始将发口，悬见排蹙[4]，云：“文集只有诗赋铭诔，岂当论经书事乎？且先儒之中，未闻有王粲也。”崔笑而退，竟不以粲集示之。魏收之在议曹[5]，与诸博士议宗庙事，引据《汉书》，博士笑曰：“未闻《汉书》得证经术。”收便忿怒，都不复言，取《韦玄成传》，掷之而起。博士一夜共披寻之，达明，乃来谢曰：“不谓玄成如此学也。”

1. 经纬：经书和纬书。即儒家经典著作和其他的占筮之类的书。
2. 义疏：注解经书的书。
3. 王粲：汉末文学家。
4. 排蹙（cù）：排挤、斥责。
5. 魏收：北齐文学家、史学家。

夫老、庄之书，盖全真养性[1]，不肯以物累己也。故藏名柱史[2]，终蹈流沙；匿迹漆园，卒辞楚相，此任纵之徒耳。何晏、王弼[3]，祖述玄宗，递相夸尚，景附草靡[4]，皆以农、黄之化[5]，在乎己身，周、孔之业，弃之度外。而平叔以党曹爽见诛[6]，触死权之网也[7]；辅嗣以多笑人被疾，陷好胜之阱也；山巨源以蓄积取讥[8]，背多藏厚亡之文也；夏侯玄以才望被戮[9]，无支离拥肿之鉴也[10]；荀奉倩丧妻[11]，神伤而卒，非鼓缶之情也；王夷甫悼子[12]，悲不自胜，异东门之达也[13]；嵇叔夜[14]排俗取祸，岂和光同尘之流也[15]；郭子玄以倾动专势，宁后身外己之风也；阮嗣宗沈酒荒迷[16]，乖畏途相诫之譬也；谢幼舆赃贿黜削[17]，违弃其余鱼之旨也[18]：彼诸人者，并其领袖，玄宗所归。其余桎梏尘滓之中，颠仆名利之下者，岂可备言乎！直取其清谈雅论，剖玄析微，宾主往复[19]，娱心悦耳，非济世成俗之要也。洎于梁世，兹风复阐，《庄》《老》《周易》，总谓《三玄》。武皇、简文，躬自讲论。周弘正奉赞大猷[20]，化行都邑，学徒千余，实为盛美。元帝在江、荆间，复所爱习，召置学生，亲为教授，废寝忘食，以夜继朝，至乃倦剧[21]愁愤，辄以讲自释。吾时颇预末筵，亲承音旨，性既顽鲁，亦所不好云。

---

1. 全真：保全天性。
2. 柱史：柱下史的略称，为周秦时官名，相当于汉代以后的御史。
3. 何晏、王弼：魏代名士。
4. 景："影"的本字。草靡：赞同，臣服。
5. 农、黄：神农氏和黄帝。
6. 曹爽：曹魏明帝的宠臣。
7. 死权：指贪恋权势至死不休。
8. 山巨源：山涛名巨源，竹林七贤之一。
9. 夏侯玄：曹魏时玄学家。
10. 支离：《庄子》书中语言人物，形体怪异臃肿。
11. 荀奉倩：荀粲，字奉倩，魏代名士。
12. 王夷甫：王衍，字夷甫，西晋名士。
13. 东门：即东门吴，战国时期秦国人，为人达观乐命。后来成为达观者的通称。事见《战国策·秦策》。

14.嵇叔夜：嵇康，字叔夜。竹林七贤之一。
15.和光同尘：把光荣和尘浊同样看待。
16.阮嗣宗：阮籍，字嗣宗。竹林七贤之一。
17.谢幼舆：谢鲲，字幼舆。西晋玄学家。
18.余鱼：比喻多余的东西。
19.宾主往复：宾主问答的意思。
20.大猷（yóu）：治国的大道。
21.倦剧：疲倦至极的样子。

齐孝昭帝侍娄太后疾[1]，容色憔悴，服膳减损。徐之才为灸两穴，帝握拳代痛，爪入掌心，血流满手。后既痊愈，帝寻疾崩，遗诏恨不见山陵之事[2]。其天性至孝如彼，不识忌讳如此，良由无学所为。若见古人之讥欲母早死而悲哭之，则不发此言也。孝为百行之首，犹须学以修饰之，况余事乎！

1. 娄太后：孝昭帝高演的母亲。
2. 山陵之事：帝王或皇后死后的坟墓之类的事情。

梁元帝尝为吾说："昔在会稽，年始十二，便已好学。时又患疥[1]，手不得拳，膝不得屈。闲斋张葛帏避蝇独坐[2]，银瓯贮山阴甜酒，时复进之，以自宽痛。率意自读史书，一日二十卷，既未师受，或不识一字，或不解一语，要自重之，不知厌倦。"帝子之尊，童稚之逸，尚能如此，况其庶士，冀以自达者哉？

1. 疥：疥疮，一种皮肤病。
2. 葛帏：用葛布制成的围帐。

古人勤学，有握锥投斧[1]，照雪聚萤[2]，锄则带经，牧则编简，亦为勤笃。梁世彭城刘绮，交州刺史勃之孙，早孤家贫，灯烛难办，常买荻尺寸折之，然明夜读。孝元初出会稽，精选寮寀[3]，绮以才华，为国常侍兼记室[4]，殊蒙礼遇，终于金紫光禄。义阳朱詹，世居江陵，后出扬都，好学，家贫无资，累日不爨[5]，乃时吞纸以实腹。寒无毡被，抱犬而卧。犬亦饥虚，起行盗食，呼之不至，哀声动邻，犹不废业，卒成学士，官至镇南录事参军，为孝元所礼。此乃不可为之事，亦是勤学之一人。东莞臧逢世，年二十余，欲读班固《汉书》，苦假借不久，乃就姊夫刘缓乞丐客刺书翰纸末[6]，手写一本，军府服其志尚，卒以《汉书》闻。

1. 握锥：指战国苏秦以锥刺股促己求学。投斧，指文党投斧求学。
2. 照雪：指晋人孙康映雪读书的事。聚萤：指晋人车胤借萤火虫之光读书的事。
3. 寮寀（liáo cǎi）：官舍。引申为官的代称。
4. 记室：官名，掌管章表书记工作。
5. 爨（cuàn）：烧火煮饭。
6. 客刺：名刺，即名片。

齐有宦者内参田鹏鸾[1]，本蛮人也。年十四五，初为阍寺[2]，便知好学，怀袖握书，晓夕讽诵。所居卑末，使彼苦辛，时伺闲隙，周章询请[3]。每至文林馆[4]，气喘汗流，问书之外，不暇他语。及睹古人节义之事，未尝不感激沈吟久之。吾甚怜爱，倍加开奖。后被赏遇，赐名敬宣，位至侍中开府。后主之奔青州，遣其西出，参伺动静[5]，为周军所获。问齐主何在，绐云[6]："已去，计当出境。"疑其不信，欧捶服之[7]，每折一支，辞色愈厉，竟断四体而卒。蛮夷童丱，犹能以学成忠，齐之将相，比敬宣之奴不若也。

1. 内参：太监。

2. 阍（hūn）寺：阍人和寺人。古代宫中掌管门禁的官。
3. 周章：周游，游览。
4. 文林馆：官署名，北齐置，掌著作及校理典籍，兼训生徒，置学士。
5. 参伺：侦察，窥视。
6. 绐（dài）：哄骗，欺骗。
7. 欧：同“殴”，打捶，攻击。

邺平之后，见徙入关[1]。思鲁尝谓吾曰：“朝无禄位，家无积财，当肆筋力[2]，以申供养。每被课笃[3]，勤劳经史，未知为子，可得安乎？”吾命之曰：“子当以养为心，父当以学为教。使汝弃学徇财，丰吾衣食，食之安得甘？衣之安得暖？若务先王之道，绍家世之，藜羹缊褐[4]，我自欲之。”

---

1. 邺平之后，见徙入关：指北周军队攻占北齐都城邺城，灭北齐，北齐君臣被押送长安。徙：迁移。
2. 肆：极、尽之意。
3. 笃：通“督”，视察，督促。
4. 藜羹：比喻粗劣的饭菜；缊褐：粗麻制成的短衣。

《书》曰：“好问则裕。”《礼》云：“独学而无友，则孤陋而寡闻。”盖须切磋相起明也[1]。见有闭门读书，师心自是[2]，稠人广坐，谬误差失者多矣。《穀梁传》称公子友与莒挐相搏，左右呼曰“孟劳”。“孟劳”者，鲁之宝刀名，亦见《广雅》。近在齐时，有姜仲岳谓：“‘孟劳’者，公子左右，姓孟名劳，多力之人，为国所宝。”与吾苦诤。时清河郡守邢峙，当世硕儒，助吾证之，赧然而伏。又《三辅决录》云：“灵帝殿柱题曰：‘堂堂乎张，京兆田郎。’”盖引《论语》，偶以四言，目京兆人田凤也。有一才士，乃言：“时张京兆及田郎二人皆堂堂耳。”闻吾此说，初大惊骇，其后寻媿悔焉。江南有一权贵，读误本《蜀都赋》注，解“蹲鸱，芋也”，乃为“羊”字；人馈羊肉，答书云：“损惠蹲鸱。[3]”举朝惊骇，不解事义[4]，久后寻迹，方知如此。元氏之世[5]，在洛京时，有一才学重臣，新得《史记音》，而颇纰缪，误反“颛顼”字[6]，顼当为许录反，错作许缘反，遂谓朝士言：“从来谬音‘专旭’，当音‘专翾’耳。”此人先有高名，翕然信行[7]；期年之后，更有硕儒，苦相究讨，方知误焉。《汉书·王莽赞》云：“紫色蛙声，余分闰位。”谓以伪乱真耳。昔吾尝共人谈书，言及王莽形状，有一俊士，自许史学，名价甚高，乃云：“王莽非直鸱目虎吻，亦紫色蛙声。”又《礼乐志》云：“给太官挏马酒。”李奇注：“以马乳为酒也，揰挏乃成。[8]”二字并从手。揰挏，此谓撞捣挺挏之，今为酪酒亦然。向学士又以为种桐时，太官酿马酒乃熟。其孤陋遂至于此。太山羊肃，亦称学问，读潘岳赋：[9]“周文弱枝之枣”，为杖策之杖；《世本》“容成造历。[10]”以历为碓磨之磨。

---

1. 起明：启明，启发。
2. 师心自是：自以为是，以心为师。
3. 损惠：为致谢别人馈送礼物而作的敬辞。
4. 事义：这里指以典故比喻事情的意义。
5. 元氏之世：指北魏。元氏为北魏皇帝之姓。
6. 反：即反切。是我国给汉字注音的一种传统方法。
7. 翕然：聚集的样子。
8. 揰洞：上下撞击。
9. 潘岳：西晋文学家。
10. 容成：黄帝之臣。

谈说制文，援引古昔，必须眼学，勿信耳受。江南闾里闲[1]，士大夫或不学问，羞为鄙朴，道听涂说，强事饰辞：呼征质为周、郑，谓霍乱为博陆，上荆州必称陕西，下扬都言去海郡，言食则餬口[2]，道钱则孔方[3]，问移则楚丘[4]，论婚则宴尔[5]，及王则无不仲宣[6]，语刘则无不公干[7]。凡有一二百件，传相祖述[8]，寻问莫知原由，施安时复失所[9]。庄生有乘时鹊起之说[10]，故谢朓诗曰：“鹊起登吴台。”吾有一亲表，作《七夕》诗云：“今夜吴台鹊，亦共往填河。”《罗浮山记》云：“望平地树如荠。”故戴暠诗云：“长安树如荠。”又邺下有一人《咏树》诗云：“遥望长安荠。”又尝见谓矜诞为夸毗[11]，呼高年为富有春秋[12]，皆耳学之过也。

---

1. 闾里：里巷。
2. 餬口：吃东西之意。
3. 孔方：钱的代称。
4. 楚丘：代指迁移。
5. 宴尔：欢乐的样子。代指新婚。
6. 仲宣：王粲，字仲宣。汉末著名文学家，建安七子之一。
7. 公干：刘桢，字公干。汉末文学家，建安七子之一。
8. 祖述：效法、遵循前人的说法、做法。
9. 施安：施用、使用。失所：使用不当，用的不是地方。
10. 鹊起：指见机而作，后多为乘时运崛起之意。
11. 矜诞：自大，狂妄。夸毗：过分柔顺以取媚于人；二者词义相反。
12. 高年：指年纪大；富有春秋：指年轻，春秋尚多。两者的词义也相反。

夫文字者，坟籍根本[1]。世之学徒，多不晓字：读《五经》者，是徐邈而非许慎[2]；习赋诵者，信褚诠而忽吕忱；明《史记》者，专徐、邹而废篆籀[3]；学《汉书》者，悦应、苏而略《苍》《雅》[4]。不知书音是其枝叶，小学乃其宗系[5]。至见服虔、张揖音义则贵之[6]，得《通俗》《广雅》而不屑。一手之中[7]，向背如此，况异代各人乎？

---

1. 坟籍：指书籍。
2. 徐邈：三国时魏大臣。字景山，燕国蓟人，博学多闻。许慎：东汉经学家、文字学家。
3. 篆籀（zhuàn zhòu）：古代书体；篆指小篆，籀指大篆。徐：指徐广；邹：指邹诞生。
4. 应：指应劭；苏：指苏林，二者皆注释过《汉书》。
5. 小学：汉代为文字训诂学的专称，隋唐以后是文字学、训诂学、音韵学的总称。
6. 服虔：东汉经学家、文字学家，著作《通俗文》（即下文《通俗》）。张揖：三国时魏国清河人，曾官博士，著作训诂书《广雅》。

7. 一手：指出自同一个人的手笔。

夫学者贵能博闻也。郡国山川，官位姓族，衣服饮食，器皿制度，皆欲根寻，得其原本；至于文字，忽不经怀[1]，己身姓名，或多乖舛[2]，纵得不误，亦未知所由。近世有人为子制名：兄弟皆山傍立字，而有名峙者；兄弟皆手傍立字，而有名机者；兄弟皆水傍立字，而有名凝者。名儒硕学[3]，此例甚多。若有知吾钟之不调，一何可笑。

1. 忽：轻视。经怀：留心。
2. 乖舛（chuǎn）：违背，错乱。
3. 硕学：知识渊博，亦指这样的人。

吾尝从齐主幸并州[1]，自井陉关入上艾县，东数十里，有猎闾村。后百官受马粮在晋阳东百余里亢仇城侧。并不识二所本是何地，博求古今，皆未能晓。及检《字林》《韵集》，乃知猎闾是旧䜌余聚，亢仇旧是䅭𣢠亭，悉属上艾。时太原王劭欲撰乡邑记注[2]，因此二名闻之，大喜。

1. 齐主：指北齐文宣帝高阳。幸：特指皇帝到某处去。
2. 王劭：南朝齐太原晋阳人。曾任中书舍人等职，以博物为时人所称许。

吾初读《庄子》"螝二首"[1]，《韩非子》曰："虫有螝者，一身两口，争食相龁[2]，遂相杀也"，茫然不识此字何音[3]，逢人辄问，了无解者。案：《尔雅》诸书，蚕蛹名螝，又非二首两口贪害之物。后见《古今字诂》，此亦古之虺字[4]，积年凝滞，豁然雾解[5]。

1. 蜿：传说中一身两口的怪物。
2. 龁（hé）：咬。
3. 音（yì）：同“意”。
4. 虺（huǐ）：毒蛇。
5. 雾解：像雾一样消散。

尝游赵州，见柏人城北有一小水[1]，土人亦不知名。后读城西门徐整碑云[2]：“洦流东指。”众皆不识。吾案《说文》[3]，此字古魄字也，洦，浅水貌。此水汉来本无名矣，直以浅貌目之，或当即以洦为名乎？

---

1. 柏人：古县名。
2. 徐整：三国时吴国的太常卿。
3. 《说文》：即《说文解字》，是中国第一部系统地分析汉字字形和考究字源的字书。

世中书翰，多称勿勿，相承如此，不知所由，或有妄言此忽忽之残缺耳。案：说文：“勿者，州里所建之旗也，象其柄及三斿之形[1]，所以趣[2]民事。故匆遽者称为勿勿[3]。”

---

1. 斿（liú）：同“旒”。古时旌旗下垂着的飘带或其他饰物。
2. 趣：同“促”，催促。
3. 匆遽（cōng jù）：匆促。匆：同“忽”，急遽，匆促。

吾在益州，与数人同坐，初晴日晃，见地上小光，问左右：“此是何物？”有一蜀竖就视[1]，答云：“是豆逼耳[2]。”相顾愕然，不知所谓。命取将来，乃小豆也。穷访蜀士，呼粒为逼，时莫之解。吾云：“《三苍》《说文》，此字白下为匕，皆训粒，《通俗文》音方力反。”众皆欢悟。

1. 竖：童仆。
2. 豆逼：豆皂。“皂”和“逼”同音。

愍楚友婿窦如同从河州来[1]，得一青鸟，驯养爱翫，举俗呼之为鹖[2]。吾曰：“鹖出上党[3]，数曾见之，色并黄黑，无驳杂也。故陈思王《鹖赋》云[4]：‘扬玄黄之劲羽。’”试检《说文》：“鳻雀似鹖而青，出羌中。”《韵集》音介。此疑顿释。

1. 友婿：同门女婿的互称，今言“连襟”。
2. 俗：通“族”。鹖（hé）：鸟名。
3. 上党：郡名，战国时韩置。
4. 陈思王：即曹植。

梁世有蔡朗者讳纯，既不涉学，遂呼莼为露葵[1]。面墙之徒[2]，递相仿效。承圣中[3]，遣一士大夫聘齐，齐主客郎李恕问梁使曰[4]：“江南有露葵否？”答曰：“露葵是莼，水乡所出。卿今食者绿葵菜耳。”李亦学问，但不测彼之深浅，乍闻无以核究。

1. 莼：莼菜，又称凫葵。露葵：即冬葵。两者不同。
2. 面墙：不学无术者，没有见识，谓似“面墙”。
3. 承圣：梁元帝年号。
4. 主客郎：官名，主要负责对外接待。

思鲁等姨夫彭城刘灵，尝与吾坐，诸子侍焉。吾问儒行、敏行曰[1]：“凡字与谘议名同音者[2]，其数多少，能尽识乎？”答曰：“未之究也，请导示之。”吾曰：“凡如此例，不预研检，忽见不识，误以问人，反为无赖所欺[3]，不容易也[4]。”因为说之，得五十许字。诸刘叹曰[5]：“不意乃尔[6]！”若遂不知，亦为异事。

---

1. 儒行、敏行：两人皆为刘灵子。
2. 谘议：刘灵的官号。
3. 无赖：指撒泼放刁的人。
4. 容易：轻率，草率。
5. 诸刘：刘灵的儿子们。
6. 不意乃尔：没想到是这样啊！

校定书籍，亦何容易，自扬雄、刘向[1]，方称此职耳。观天下书未遍，不得妄下雌黄[2]。或彼以为非，此以为是；或本同末异；或两文皆欠，不可偏信一隅也。

---

1. 扬雄：西汉文学家、哲学家、语言学家。刘向：西汉经学家、目录学家、文学家。
2. 雌黄：矿物名称。柠檬黄色，有时微带浅褐色。古人以黄纸书写，写错了，便以雌黄涂改。因而窜改文字就称为雌黄。

# 卷四　文章　名实　涉务

## 文章第九

夫文章者，原出《五经》：诏命策檄[1]，生于《书》者也；序述论议[2]，生于《易》者也；歌咏赋颂[3]，生于《诗》者也；祭祀哀诔[4]，生于《礼》者也；书奏箴铭[5]，生于《春秋》者也。朝廷宪章，军旅誓诰[6]，敷显仁义[7]，发明功德，牧民建国，施用多途。至于陶冶性灵，从容讽谏，入其滋味，亦乐事也。行有余力，则可习之。然而自古文人，多陷轻薄：屈原露才扬己，显暴君过；宋玉体貌容冶[8]，见遇俳优[9]；东方曼倩[10]，滑稽不雅；司马长卿[11]，窃赀无操[12]；王褒过章《僮约》[13]；扬雄德败《美新》；李陵降辱夷虏[14]；刘歆反复莽世[15]；傅毅党附权门[16]；班固盗窃父史；赵元叔抗竦过度[17]；冯敬通浮华摈压[18]；马季长佞媚获诮[19]；蔡伯喈同恶受诛[20]；吴质诋忤乡里[21]；曹植悖慢犯法；杜笃乞假无厌[22]；路粹隘狭已甚；陈琳实号粗疏[23]；繁钦性无检格[24]；刘桢屈强输作；王粲率躁见嫌；孔融、祢衡，诞傲致殒[25]；杨修、丁廙[26]，扇动取毙；阮籍无礼败俗；嵇康凌物凶终；傅玄忿斗免官[27]；孙楚矜夸凌上[28]；陆机犯顺履险[29]；潘岳干没取危[30]；颜延年负气摧黜[31]；谢灵运空疏乱纪[32]；王元长凶贼自诒[33]；谢玄晖侮慢见及[34]。凡此诸人，皆其翘秀者[35]，不能悉记，大较如此。至于帝王，亦或未免。自昔天子而有才华者，唯汉武、魏太祖、文帝、明帝、宋孝武帝，皆负世议，非懿德之君也[36]。自子游、子夏、荀况、孟轲、枚乘、贾谊、苏武、张衡、左思之俦，有盛名而免过患者，时复闻之，但其损败居多耳。每尝思之，原其所积，文章之体，标举兴会，发引性灵，使人矜伐，故忽于持操，果于进取。今世文士，此患弥切，一事惬当，一句清巧，神厉九霄，志凌千载，自吟自赏，不觉更有傍人。加以砂砾所伤[37]，惨于矛戟，讽刺之祸，速乎风尘，深宜防虑，以保元吉。

1. 诏、命、策、檄：四种文体。命：古代的一种公文。诏、策、檄：均指官方文书。
2. 序、述、论、议：四种文体。前两种主要是记叙，后两种主要是议论。
3. 赋、颂：两种文体。赋讲究对偶和用典，韵文和散文交错使用；颂主要用于歌颂，内容上多是赞美、歌颂，写法上多用铺叙。
4. 祭、祀、哀、诔（lěi）：均为古代哀祭类文体。哀悼死者，记述死者生平的文章。
5. 书、奏：指书简、奏章等。箴、铭：均为古代文体。用于告诫和规劝的文章。
6. 诰：以规诫为主题的文体。
7. 敷：陈述。
8. 宋玉：战国时楚人，辞赋家。
9. 俳优：古代以歌舞谐戏为业的艺人。
10. 东方曼倩：即东方朔。西汉文学家。
11. 司马长卿：即司马相如。西汉辞赋家。
12. 赀：通“资”，财货。
13. 王褒：西汉辞赋家。章：显露。
14. 李陵：汉名将李广之孙，善骑射。武帝时，为骑都尉，率兵出击匈奴贵族，战败投降，后病死匈奴。
15. 刘歆：西汉末年古文经学派的开创者，目录学家、天文学家。王莽执政，刘歆任“国师”，后谋诛王莽，事泄自杀。事见《汉书·楚元王传》。
16. 傅毅：东汉文学家。
17. 赵元叔：即赵壹。东汉辞赋家。抗竦：高傲、倨傲。
18. 冯敬通：即冯衍。东汉辞赋家。摈压：摈弃、压抑。
19. 马季长：即马融。东汉经学家、文学家。诮：责备、嘲讽。
20. 蔡伯喈：即蔡邕。东汉文学家、书法家。
21. 吴质：三国魏文学家。诋忤（dǐ wǔ）：冒犯。诋，通“抵”。
22. 假：同“借”。
23. 陈琳：汉末文学家。建安七子之一。
24. 繁钦：汉末文学家。检格：检正约束。
25. 孔融、祢衡：均为汉末文学家。诞傲：狂放傲慢。殒：死。
26. 杨修：汉末文学家。丁廙：三国魏人。
27. 傅玄：西晋哲学家、文学家。
28. 孙楚：西晋文学家。凌：侵犯，得罪。
29. 陆机：西晋文学家。犯顺：违反正道。履险：身处险境。
30. 潘岳：西晋文学家。干没：侥幸取利。
31. 颜延年：即颜延之，南朝宋诗人。与谢灵运齐名，世称“颜谢”。摧黜：废退，贬职。
32. 空疏：没有真实的本领。
33. 王元长：即王融，南朝齐文学家。凶贼：凶狠暴虐。
34. 谢玄晖：即谢朓，南朝齐诗人。见及：这里是遭到迫害的意思。见：用在动词前，表被动，译为“被”。及：遭遇。

35. 翘秀：杰出的人才。

36. 懿德：美德。

37. 砂砾所伤：比喻细小的伤害。

学问有利钝，文章有巧拙。钝学累功，不妨精熟；拙文研思，终归蚩鄙[1]。但成学士，自足为人。必乏天才，勿强操笔。吾见世人，至无才思，自谓清华[2]，流布丑拙，亦以众矣，江南号为詅痴符[3]。近在并州，有一士族，好为可笑诗赋，誂撆邢、魏诸公[4]，众共嘲弄，虚相赞说，便击牛釃酒[5]，招延声誉。其妻，明鉴妇人也，泣而谏之。此人叹曰：“才华不为妻子所容，何况行路[6]！”至死不觉。自见之谓明，此诚难也。

---

1. 蚩鄙：粗野拙劣。
2. 清华：（文章等）清秀华美。
3. 詅（líng）痴符：旧时方言，指没有才学而好夸耀的人。
4. 誂撆（tiǎo piē）：戏言嘲弄。邢、魏诸公：指邢邵、魏收等人。
5. 釃：滤酒、斟酒。
6. 行路：这里指不相干的人。

学为文章，先谋亲友，得其评裁，知可施行，然后出手；慎勿师心自任[1]，取笑旁人也。自古执笔为文者，何可胜言。然至于宏丽精华，不过数十篇耳。但使不失体裁[2]，辞意可观，便称才士；要须动俗盖世，亦俟河之清乎[3]！

---

1. 师心：以己意以师，即自以为是。
2. 体裁：此处指文章的结构剪裁。
3. 河之清：河，指黄河。古人把河清看作是一件稀罕，一辈子也等不到的事。

不屈二姓，夷、齐之节也[1]；何事非君，伊、箕之义也[2]。自春秋已来，家有奔亡[3]，国有吞灭，君臣固无常分矣；然而君子之交绝无恶声，一旦屈膝而事人，岂以存亡而改虑？陈孔璋居袁裁书[4]，则呼操为豺狼；在魏制檄，则目绍为蛇虺[5]。在时君所命，不得自专，然亦文人之巨患也，当务从容消息之[6]。

---

1. 夷、齐：即伯夷、叔齐，为商朝孤竹君的两个儿子。
2. 伊：指伊尹，商朝大臣。被尊为阿衡（宰相）。箕：指箕子，为商纣王诸父。
3. 家：此处指古代卿大夫及其家族。
4. 陈孔璋：即陈琳，字孔璋。汉末文学家。建安七子之一。
5. 蛇虺（huǐ）：蛇、虺皆为蛇类。此喻凶残狠毒之人。
6. 消息：斟酌。

或问扬雄曰："吾子少而好赋？"雄曰："然。童子雕虫篆刻，壮夫不为也。"余窃非之曰[1]：虞舜歌《南风》之诗，周公作《鸱鸮》之咏，吉甫、史克《雅》《颂》之美者，未闻皆在幼年累德也。孔子曰："不学诗，无以言。""自卫返鲁，乐正，雅、颂各得其所。"大明孝道，引《诗》证之。扬雄安敢忽之也？若论"诗人之赋丽以则，辞人之赋丽以淫"[2]，但知变之而已[3]，又未知雄自为壮夫何如也？着《剧秦美新》[4]，妄投于阁，周章怖慑，不达天命，童子之为耳。桓谭以胜老子[5]，葛洪以方仲尼[6]，使人叹息。此人直以晓算术，解阴阳，故着《太玄经》，数子为所惑耳；其遗言余行，孙卿、屈原之不及，安敢望大圣之清尘[7]？且《太玄》今竟何用乎？不啻覆酱瓿而已[8]。

---

1. 余：我。
2. 淫：过分。
3. 变：通辨，辨明。
4. 《剧秦美新》：扬雄所作歌颂王莽的文章。
5. 桓谭：东汉哲学家、经学家。

6. 葛洪：东晋道教理论学家、医学家、炼丹家。
7. 大圣：德行高、品行好的人。
8. 不啻（chì）：不过。瓿（bù）：小瓮。

齐世有席毗者[1]，清干之士[2]，官至行台尚书[3]，嗤鄙文学，嘲刘逖云："君辈辞藻，譬若荣华，须臾之翫，非宏才也；岂比吾徒千丈松树，常有风霜，不可凋悴矣！"刘应之曰："既有寒木，又发春华，何如也？"席笑曰："可哉！"

---

1. 席毗：北朝北齐大将。
2. 清干：英明能干。
3. 行台：东汉以后，中央政务由三公改归台阁（尚书），习惯上遂以中央政府为"台"。东晋以后，中央官称"台官"，中央军称"台军"。因此，在大行政区代表中央的机构即称"行台"。多由军事关系临时设置。

凡为文章，犹人乘骐骥[1]，虽有逸气[2]，当以衔勒制之[3]，勿使流乱轨躅[4]，放意填坑岸也。

---

1. 骐骥：良马。
1. 骐骥（qí jì）：良马。
2. 逸气：俊逸之气。
3. 衔勒：衔是横在马口中备抽勒的铁，勒是套在马头上带嚼口的笼头。这里比喻文贵有节制，好比马须用衔勒一样。
4. 轨躅（zhú）：轨迹。此处引申为法度规范。

文章当以理致为心肾[1]，气调为筋骨，事义为皮肤[2]，华丽为冠冕[3]。今世相承，趋本弃末[4]，率多浮艳。辞与理竞，辞胜而理伏；事与才争，事繁而才损。放逸者流宕而忘归[5]，穿凿者补缀而不足。时俗如此，安能独违？但务去泰去甚耳[6]。必有盛才重誉，改革体裁者，实吾所希。

1. 致：即作品的思想感情。
2. 事义：作品所运用的典实，即下文所说的“用事”。
3. 冠冕：此处指服饰。
4. 末：指华丽。
5. 流宕（dàng）：流浪漂泊。
6. 但务去泰去甚耳：出自《老子》上篇二十九章：“是以圣人去甚，去奢，去泰。”这里是不要过分之意。

古人之文，宏材逸气，体度风格，去今实远；但缉缀疏朴[1]，未为密致耳。今世音律谐靡，章句偶对，讳避精详，贤于往昔多矣。宜以古之制裁为本，今之辞调为末[2]，并须两存，不可偏弃也。

1. 缉缀：指文章的撰写连缀。
2. 末：非根本的，次要的。

吾家世文章，甚为典正，不从流俗；梁孝元在蕃邸时[1]，撰《西府新文》，讫无一篇见录者，亦以不偶于世，无郑、卫之音故也[2]。有诗赋铭诔书表启疏二十卷，吾兄弟始在草土[3]，并未得编次，便遭火荡尽，竟不传于世。衔酷茹恨[4]，彻于心髓！操行见于《梁史·文士传》及孝元《怀旧志》。

1. 蕃：通“藩”。蕃邸：酒、湘东王府。
2. 郑、卫之音：春秋战国时期郑国、卫国的俗语。
3. 草土：指居丧。古时父母之丧者睡草席枕土块，故曰草土。
4. 酷：惨痛，痛恨。

沈隐侯曰[1]："文章当从三易：易见事，一也；易识字，二也；易读诵，三也。"邢子才常曰："沈侯文章，用事不使人觉，若胸臆语也[2]。"深以此服之。祖孝征亦尝谓吾曰："沈诗云：'崖倾护石髓[3]。'此岂似用事邪？"

1. 沈隐侯：即沈约，南朝梁文学家。
2. 胸臆：心，心怀。
3. 石髓：石钟乳。

邢子才、魏收俱有重名，时俗准的[1]，以为师匠。邢赏服沈约而轻任昉[2]，魏爱慕任昉而毁沈约，每于谈宴，辞色以之。邺下纷纭，各有朋党。祖孝征尝谓吾曰："任、沈之是非，乃邢、魏之优劣也。"

1. 准的：标准。
2. 任昉：南朝梁文学家。字彦升，乐安博昌人。当时以表、奏、书、启诸体散文擅名。

《吴均集》有《破镜赋》[1]。昔者，邑号朝歌，颜渊不舍；里名胜母，曾子敛襟：盖忌夫恶名之伤实也。破镜乃凶逆之兽[2]，事见《汉书》，为文幸避此名也。比世往往见有和人诗者，题云敬同，《孝经》云："资于事父以事君而敬同。"不可轻言也。梁世费旭诗云："不知是耶非。"殷澐诗云："飖扬云母舟。"简文曰："旭既不识其父，澐又飖扬其母。"此虽悉古事，不可用也。世人或有文章引《诗》"伐鼓渊渊"者，《宋书》已有屡游之诮；如此流比[3]，幸须避之。北面事亲[4]，别舅摛《渭阳》之咏[5]；堂上养老，送兄赋桓山之悲，皆大失也。举此一隅，触涂宜慎[6]。

1. 吴均：南朝梁文学家。以小品书札见长，时人称为"吴均体"。

2. 破镜：一种恶兽。也称獍。
3. 流比：同类比照类推。
4. 北面：面向北。古时，臣拜君、卑幼拜见知辈，要面向北行礼，因此居臣下、晚辈之位称“北面”。
5. 摛（chī）：传布，舒展。
6. 触涂：处处。

江南文制[1]，欲人弹射[2]，知有病累[3]，随即改之，陈王得之于丁廙也[4]。山东风俗，不通击难[5]。吾初入邺，遂尝以此忤人[6]，至今为悔；汝曹必无轻议也。

---

1. 文制：即制文，写文章。
2. 弹射：用语言指责。此处指对文章进行批评。
3. 病累：缺点。
4. 陈王：指陈思王曹植。
5. 击难：攻击，责难。
6. 忤：这里指得罪。

凡代人为文，皆作彼语，理宜然矣。至于哀伤凶祸之辞，不可辄代。蔡邕为胡金盈作《母灵表颂》曰[1]：“悲母氏之不永，然委我而夙丧。”又为胡颢作其父铭曰[2]：“葬我考议郎君[3]。”《袁三公颂》曰：“猗欤我祖[4]，出自有妫。”[5]王粲为潘文则《思亲诗》云：“躬此劳悴，鞠予小人；庶我显妣[6]，克保遐年[7]。”而并载乎邕、粲之集，此例甚众。古人之所行，今世以为讳。陈思王《武帝诔》》，遂深永蛰之思[8]；潘岳《悼亡赋》，乃怆手泽之遗[9]：是方父于虫，匹妇于考也。蔡邕杨秉碑云：“统大麓之重。”潘尼《赠卢景宣诗》云：“九五思龙飞。”孙楚《王骠骑诔》云：“奄忽登遐[10]。”陆机《父诔》云：“亿兆宅心[11]，敦叙百揆[12]。”《姊诔》云：“俔天之和[13]。”今为此言，则朝廷之罪人也。王粲《赠杨德祖诗》云："我君饯之，其乐泄泄[14]。"不可妄施人子，况储君乎[15]？

---

1. 胡金盈：汉代大臣胡广之女。
2. 胡颢：胡广的孙子。铭：墓志铭。
3. 考：死去的父亲称考。议郎：官职名。
4. 猗欤（yī yú）：叹词，表示赞美。
5. 此二句的意思是："啊！我的先祖，您出自有妫这一姓氏。"
6. 显妣：对亡母的美称。
7. 遐年：长寿。以上四句的意思是："您如此劳累憔悴，养育我这小儿，希望我尊贵的亡母，能永远长寿。"
8. 永蛰：曹植以之比喻父亲的死亡。蛰：昆虫冬眠。
9. 手泽：指手汗。后多用以称先人或前辈的遗墨、遗物等。
10. 奄忽：迅疾，比喻死亡。登遐：对死去之人的讳称。后专指帝王之死。
11. 亿兆：众庶万民的意思。宅心：归心。
12. 敦叙：亲睦和顺。百揆：指百官。此二句的意思是："使万民归心，使百官和睦。"
13. 俔（qiàn）：如同，好比。
14. 泄泄（yì）：闲散自得的样子。
15. 储君：已确定继承皇位的人。

挽歌辞者，或云古者《虞殡》之歌，或云出自田横之客[1]，皆为生者悼往告哀之意。陆平原多为死人自叹之言[2]，诗格既无此例，又乖制作本意。

---

1. 田横：秦末狄县人。本齐国贵族。楚汉战争中自立为齐王，后为汉军所破。
2. 陆平原：即陆机，曾任平原内史。

凡诗人之作，刺箴美颂，各有源流，未尝混杂，善恶同篇也。陆机为《齐讴篇》[1]，前叙山川物产风教之盛，后章忽鄙山川之情，殊失厥体[2]。其为《吴趋行》[3]，何不陈子光、夫差乎[4]？《京洛行》，胡不述赧王、灵帝乎[5]？

---

1. 《齐讴篇》：即《齐讴行》，乐府杂曲歌辞名。见《乐府诗集》卷六十四。
2. 厥：其。
3. 《吴趋行》：吴地歌曲名。陆机所作《吴趋行》篇。
4. 子光：即春秋时吴王阖庐。他以专诸刺杀吴王僚而自立。又用楚亡臣伍子胥，屡败楚兵。后在与越王勾践的战争中兵败负伤而死。夫差：阖庐之子。
5. 赧王：即周赧王。为周朝的亡国之君。灵帝：即汉灵帝刘宏。在位期间，宦官专政，党锢之祸复起。终于招致黄巾起义的爆发。

自古宏才博学，用事误者有矣；百家杂说，或有不同，书傥湮灭，后人不见，故未敢轻议之。今指知决纰缪者，略举一两端以为诫。《诗》云："有鷕雉鸣[1]。"又曰："雉鸣求其牡[2]。"《毛传》亦曰[3]："鷕，雌雉声。"又云："雉之朝雊，尚求其雌。"郑玄注《月令》亦云[4]："雊，雄雉鸣。"潘岳赋曰："雉鷕鷕以朝雊。"是则混杂其雄雌矣。《诗》云："孔怀兄弟[5]。"孔，甚也；怀，思也，言甚可思也。陆机与《长沙顾母书》，述从祖弟士璜死，乃言："痛心拔脑，有如孔怀。"心既痛矣，即为甚思，何故方言有如也？观其此意，当谓亲兄弟为孔怀。《诗》云："父母孔迩[6]。"而呼二亲为孔迩，于义通乎？《异物志》云："拥剑状如蟹，但一螯偏大尔。"何逊诗云[7]："跃鱼如拥剑。"是不分鱼蟹也。《汉书》："御史府中列柏树，常有野鸟数千，栖宿其上，晨去暮来，号朝夕鸟。"而文士往往误作乌鸢用之。抱朴子说项曼都诈称得仙，自云："仙人以流霞一杯与我饮之，辄不饥渴。"而简文诗云："霞流抱朴碗。"亦犹郭象以惠施之辨为庄周言也[8]。《后汉书》："囚司徒崔烈以锒铛锁。"锒铛，大锁也；世间多误作金银字。武烈太子亦是数千卷学士[9]，尝作诗云："银锁三公脚，刀撞仆射头。"为俗所误。

---

1. 鷕（yǎo）：雌野鸡的叫声。
2. 牡：雄性。此处指雄野鸡。
3. 《毛传》：即《毛诗古训传》的简称，为研究《诗经》的重要文献。
4. 郑玄：东汉经学家。其注经以古文经说为主，兼采今文经说，为汉代经学的集大成者。《月令》：《礼记》中的篇名。
5. 孔怀：本为极其思念之意，后指兄弟。
6. 迩：近。
7. 何逊：南朝梁诗人。
8. 这句话的意思是，简文帝不知道“霞流”的典故本于《论衡》，写出不通的诗来，就好像郭象把惠施的话当成庄子的话一样。郭象：西晋哲学家，好老庄。惠施：战国时哲学家。
9. 武烈太子：姓萧，名方等，字实相。梁元帝长子。

文章地理，必须惬当。梁简文《雁门太守行》乃云：“鹅军攻日逐[1]，燕骑荡康居[2]，大宛归善马[3]，小月送降书[4]。”萧子晖陇头水云：“天寒陇水急[5]，散漫俱分泻，北注徂黄龙[6]，东流会白马[7]。”此亦明珠之颣[8]，美玉之瑕，宜慎之。

1. 日逐：匈奴王号，地位低于左贤王。
2. 康居：旧时西域城国名。东临乌孙、大宛，南接大月氏、安息，西与奄蔡交界。
3. 大宛：古西域三十六城国之一。北通康居，西南邻大月氏。盛产名马。
4. 小月：即小月氏。旧时西域国名。
5. 陇：即陇山。六盘山南段的别称。又名陇坻、陇坂。位于今陕西陇县至甘肃平凉一带。
6. 黄龙：指黄龙城。又名龙城、和龙城、龙都。旧地在辽宁朝阳。
7. 白马：赵曦明谓指汉代西南夷之白马氐。
8. 颣（lèi）：原指丝上的结。引申为毛病、缺点。

王籍《入若耶溪》诗云：“蝉噪林逾静，鸟鸣山更幽。”江南以为文外断绝，物无异议。简文吟咏，不能忘之，孝元讽味，以为不可复得，至《怀旧志》载于籍传。范阳卢询祖[1]，邺下才俊，乃言：“此不成语，何事于能？”魏收亦然其论。《诗》云：“萧萧马鸣，悠悠旆旌[2]。”《毛传》曰：“言不諠哗也。”吾每叹此解有情致，籍诗生于此耳。

1. 卢询祖：北齐人。袭祖爵大夏男。有术学，文章华美。
2. 旆旌（pèi jīng）：泛指旗帜。

兰陵萧悫[1]，梁室上黄侯之子，工于篇什。尝有《秋诗》云："芙蓉露下落，杨柳月中疏。"时人未之赏也。吾爱其萧散，宛然在目。颍川荀仲举[2]、琅邪诸葛汉，亦以为尔。而卢思道之徒[3]，雅所不惬[4]。

1. 萧悫：北齐人。曾任太子洗马。
2. 荀仲举：颍川人。初仕梁为南沙令，北齐时入文林馆，除符玺郎。后出为义宁太守。诸葛汉：即诸葛颖，字汉丹，建康人。
3. 卢思道：隋诗人。
4. 惬：满足，满意。

何逊诗实为清巧，多形似之言[1]；扬都论者，恨其每病苦辛，饶贫寒气，不及刘孝绰之雍容也[2]。虽然，刘甚忌之，平生诵何诗，常云："'蘧车响北阙'，愊愊不道车。"又撰《诗苑》，止取何两篇，时人讥其不广。刘孝绰当时既有重名，无所与让；唯服谢朓，常以谢诗置几案间，动静辄讽味。简文爱陶渊明文，亦复如此。江南语曰："梁有三何，子朗最多。"三何者，逊及思澄、子朗也[3]。子朗信饶清巧。思澄游庐山，每有佳篇，亦为冠绝。

1. 形似：此处是形象的意思，指描绘或表达具体生动。
2. 刘孝绰：南朝梁文学家。曾任秘书丞等职，能诗文。
3. 何思澄：南明梁人。字元静。少勤学，工文辞，早有才思，工清言。何子朗：何思澄之子。

## 名实第十

名之与实，犹形之与影也。德艺周厚[1]，则名必善焉；容色姝丽，则影必美焉。今不修身而求令名于世者，犹貌甚恶而责妍影于镜也。上士忘名，中士立名，下士窃名。忘名者，体道合德[2]，享鬼神之福佑，非所以求名也；立名者，修身慎行，惧荣观之不显[3]，非所以让名也；窃名者，厚貌深奸，干浮华之虚称[4]，非所以得名也。

1. 德艺：德行才艺。周厚：周洽笃厚。
2. 道：事理，规律。
3. 荣观：即荣名、荣誉。
4. 干：干求，谋求。虚称：虚名。

人足所履，不过数寸，然而咫尺之途，必颠蹶于崖岸[1]，拱把之梁[2]，每沈溺于川谷者，何哉？为其旁无余地故也。君子之立己，抑亦如之。至诚之言，人未能信，至洁之行，物或致疑，皆由言行声名，无余地也。吾每为人所毁，常以此自责。若能开方轨之路[3]，广造舟之航[4]，则仲由之言信[5]，重于登坛之盟[6]，赵熹之降城[7]，贤于折冲之将矣。

1. 颠蹶：翻跌，倾跌。
2. 拱把：两只手合在一起叫“拱”，一只手握住叫“把”。梁：桥，拱把之梁，即独木桥。
3. 方轨：车辆并行。
4. 造舟：在数只船上架上木板，搭成浮桥。
5. 仲由：孔子弟子，即子路，以信守诺言著称。
6. 登坛：指诸侯会盟。
7. 赵熹：东汉人，《后汉书》有传。

吾见世人，清名登而金贝入[1]，信誉显而然诺亏[2]，不知后之矛戟，毁前之干橹也[3]。虙子贱云[4]："诚于此者形于彼。"人之虚实真伪在乎心，无不见乎迹，但察之未熟耳。一为察之所鉴，巧伪不如拙诚，承之以羞大矣。伯石让卿[5]，王莽辞政，当于尔时，自以巧密；后人书之，留传万代，可为骨寒毛竖也。近有大贵，以孝着声，前后居丧，哀毁踰制[6]，亦足以高于人矣。而尝于苫块之中[7]，以巴豆涂脸[8]，遂使成疮，表哭泣之过。左右童竖，不能掩之，益使外人谓其居处饮食，皆为不信。以一伪丧百诚者，乃贪名不已故也。

---

1. 金贝：金钱、货币。
2. 然诺：许诺。
3. 干：抵御刀剑之类的小盾牌。橹：抵御矛戟的大盾牌。
4. 虙子贱：春秋时鲁国人，名不齐。孔子弟子。
5. 伯石：春秋时郑国大夫，曾三让卿之位，但并非出自真心。
6. 哀毁：哀痛使身体容貌都受到了损害。
7. 苫块：草垫、土块。古礼，居父母之丧时以草垫为席，土块为枕。
8. 巴豆：植物名。

有一士族，读书不过二三百卷，天才钝拙，而家世殷厚，雅自矜持，多以酒犊珍玩[1]，交诸名士，甘其饵者[2]，递共吹嘘。朝廷以为文华，亦尝出境聘[3]。东莱王韩晋明笃好文学[4]，疑彼制作，多非机杼[5]，遂设宴言，面相讨试。竟日欢谐，辞人满席，属音赋韵，命笔为诗，彼造次即成[6]，了非向韵。众客各自沈吟，遂无觉者。韩退叹曰："果如所量！"韩又尝问曰："玉珽杼上终葵首[7]，当作何形？"乃答云："珽头曲圜[8]，势如葵叶耳。"韩既有学，忍笑为吾说之。

---

1. 酒犊：酒和牛，此处指吃喝。
2. 饵：以利诱人。
3. 聘：古代国与国之间通问修好。
4. 韩晋明：北齐人，封东莱王，好学问。
5. 机杼：织布机。喻创作中构思的精巧。

6. 造次：仓猝，慌忙。
7. 玉珽：玉笏，古代朝臣上朝时所用的木板，书禀奏事宜等。终葵：一种捶击工具。
8. 曲圜：弯而圆。

治点子弟文章[1]，以为声价，大弊事也。一则不可常继，终露其情；二则学者有凭，益不精励[2]。

1. 治点：润饰修改文章。
2. 精励：精进奋发。

邺下有一少年，出为襄国令[1]，颇自勉笃。公事经怀，每加抚恤，以求声誉。凡遣兵役，握手送离，或赍梨枣饼饵[2]，人人赠别，云："上命相烦，情所不忍；道路饥渴，以此见思。"民庶称之，不容于口。及迁为泗州别驾[3]，此费日广，不可常周，一有伪情，触涂难继，功绩遂损败矣。

1. 襄国：县名，在今河北邢台西南。
2. 赍（jī）：送。
3. 泗州：地名，在今安徽泗县。别驾：官名，州刺史的佐吏。

或问曰："夫神灭形消[1]，遗声余价，亦犹蝉壳蛇皮，兽远鸟迹耳[2]，何预于死者，而圣人以为名教乎[3]？"对曰："劝也[4]，劝其立名，则获其实。且劝一伯夷[5]，而千万人立清风矣；劝一季札[6]，而千万人立仁风矣；劝一柳下惠[7]，而千万人立贞风矣；劝一史鱼[8]，而千万人立直风矣。故圣人欲其鱼鳞凤翼[9]，杂沓参差，不绝于世，岂不弘哉？四海悠悠，皆慕名者，盖因其情而致其善耳。抑又论之，祖考之嘉名美誉，亦子孙之冕服墙宇也[10]，自古及今，获其庇荫者亦众矣。夫修善立名者，亦犹筑室树果，生则获其利，死则遗其泽。世之汲汲者[11]，不达此意，若其与魂爽俱升[12]，松柏偕茂者，惑矣哉！

---

1. 神灭形消：指死去。
2. 远（háng）：鸟兽或车辆经过的痕迹。
3. 名教：名声与教化。此处指用名教来化育人。
4. 劝：勉励，鼓励。
5. 伯夷：商孤竹君之子，因不食周粟而饿死于首阳山，是古代具有高风亮节的人。
6. 季札：春秋时吴公子，吴王梦寿欲传其位，辞让不受。
7. 柳下惠：春秋鲁大夫展禽，以品行高洁而著称。
8. 史鱼：春秋时卫国大夫，以正直敢谏著名。
9. 鱼鳞凤翼：喻众多。
10. 冕服墙宇：衣帽房屋，代指上辈留下的遗产。
11. 汲汲：心情急切的样子。
12. 魂爽：即魂魄。

## 涉务第十一

士君子之处世，贵能有益于物耳[1]，不徒高谈虚论，左琴右书[2]，以费人君禄位也。国之用材，大较不过六事：一则朝廷之臣，取其鉴达治体[3]，经纶博雅[4]；二则文史之臣[5]，取其著述宪章，不忘前古；三则军旅之臣，取其断决有谋，强干习事；四则藩屏之臣[6]，取其明练风俗，清白爱民；五则使命之臣[7]，取其识变从宜，不辱君命[8]；六则兴造之臣[9]，取其程功节费[10]，开略有术，此则皆勤学守行者所能辨也。人性有长短，岂责具美于六涂哉[11]？但当皆晓指趣[12]，能守一职，便无愧耳。

---

1. 物：这里是人的意思。
2. 左琴右书：古人往往琴书并言，指士大夫的风雅之事。“左”“右”用来修饰同一类行为。

3. 治体：指国家的体制、法度。
4. 经纶：原指整理丝缕，引申为规划处理国家大事。博雅：学识渊博纯正。
5. 文史之臣：指在中央负责主管文书档案，起草诏命典章以及修撰国史的官员。
6. 藩屏之臣：指地方上的高级掌管，可为中央藩屏。藩屏：藩篱屏蔽，比喻藩国。
7. 使命之臣：指奉朝廷之命办理内政外交的官员。
8. 不辱君命：不使君命受到折辱，也就是完成使命之意。
9. 兴造之臣：指负责土木建设的官员。
10. 程功：衡量功绩，计算完成工程的进度。
11. 涂：通“途”；六途，反映上述的“六事”。
12. 指趣：即“旨趣”。

吾见世中文学之士，品藻古今[1]，若指诸掌[2]，及有试用，多无所堪。居承平之世，不知有丧乱之祸；处庙堂之下[3]，不知有战陈之急[4]；保俸禄之资，不知有耕稼之苦；肆吏民之上，不知有劳役之勤，故难可以应世经务也。晋朝南渡[5]，优借士族；故江南冠带[6]，有才干者，擢为令仆已下尚书郎中书舍人已上，典掌机要。其余文义之士，多迂诞浮华，不涉世务；纤微过失，又惜行捶楚，所以处于清高，盖护其短也。至于台阁令史[7]，主书监帅，诸王签省，并晓习吏用，济办时须，纵有小人之态，皆可鞭杖肃督，故多见委使，盖用其长也。人每不自量，举世怨梁武帝父子爱小人而疏士大夫[8]，此亦眼不能见其睫耳。

---

1. 品藻：评议，鉴定等级。
2. 若指诸掌：像指示掌中之物一样，比喻事理浅近易明。
3. 庙堂：宗庙明堂，古代帝王议事之处，故也以庙堂指朝廷。
4. 战陈：作战的阵法。
5. 晋朝南渡：指建武五年（317）西晋灭亡，司马睿南渡并在建康建立东晋一事。
6. 冠带：士族、缙绅的代称，以其戴冠束带故称。
7. 台阁：指尚书省。令史：尚书省属下的官员。
8. 梁武帝父子：梁武帝萧衍共有八子。此处仅指梁武帝和后来居位的简文帝萧纲、元帝萧绎。

梁世士大夫，皆尚褒衣博带[1]，大冠高履，出则车舆，入则扶侍，郊郭之内，无乘马者。周弘正为宣城王所爱[2]，给一果下马[3]，常服御之，举朝以为放达[4]。至乃尚书郎乘马，则纠劾之。及侯景之乱[5]，肤脆骨柔，不堪行步，体羸气弱，不耐寒暑，坐死仓猝者，往往而然。建康令王复性既儒雅，未尝乘骑，见马嘶喷陆梁[6]，莫不震慑，乃谓人曰："正是虎，何故名为马乎？"其风俗至此。

---

1. 褒衣博带：宽大的袍子和衣带。
2. 宣城王：指南朝梁简文帝嫡长子萧大器，武帝中大通三年受封宣城郡王。简文帝即位后，为太子。后死于侯景之乱，谥哀太子。
3. 果下马：一种矮小的马，高仅约三尺，骑上它能在果树下行走，故有此称。南朝时供富贵人平时乘坐。
4. 放达：率性而为，不为世俗礼法所拘束。
5. 侯景之乱：侯景，南朝梁人，于梁武帝末年发动兵变，攻破梁都建康。
6. 嘶喷：马嘶鸣。陆梁：跳跃，强横不驯。

古人欲知稼穑之艰难[1]，斯盖贵谷务本之道也[2]。夫食为民天，民非食不生矣，三日不粒，父子不能相存。耕种之，茠鉏之[3]，刈获之，载积之，打拂之，簸扬之，凡几涉手，而入仓廪[4]，安可轻农事而贵末业哉？江南朝士，因晋中兴[5]，南渡江，卒为羁旅，至今八九世，未有力田，悉资俸禄而食耳。假令有者，皆信僮仆为之[6]，未尝目观起一坺土[7]，耘一株苗；不知几月当下，几月当收，安识世间余务乎？故治官则不了[8]，营家则不办，皆优闲之过也。

---

1. 稼穑：指农事。
2. 本：指农业，与下文"末业"相对。
3. 茠（hāo）：除（草）。鉏：即锄。
4. 仓廪（lǐn）：盛粮食的仓库。
5. 中兴：西晋亡后，东晋又建国于江南，故称中兴。
6. 信：依靠。

7. 垅：指耕地时一耦所翻起的土。
8. 不了：不晓事。此指不明为官之道。

# 卷五　省事　止足　诫兵　养生　归心

## 省事第十二

铭金人云："无多言，多言多败；无多事，多事多患。"至哉斯戒也！能走者夺其翼，善飞者减其指，有角者无上齿，丰后者无前足，盖天道不使物有兼焉也。古人云："多为少善，不如执一[1]；鼫鼠五能，不成伎术。"近世有两人[2]，朗悟士也[3]，性多营综[4]，略无成名，经不足以待问，史不足以讨论，文章无可传于集录，书迹未堪以留爱翫，卜筮射六得三[5]，医药治十差五[6]，音乐在数十人下，弓矢在千百人中，天文、画绘、棋博[7]，鲜卑语、胡书[8]，煎胡桃油[9]，炼锡为银，如此之类，略得梗概，皆不通熟。惜乎，以彼神明[10]，若省其异端[11]，当精妙也。

1. 执一：专一。
2. 两人：即祖珽、徐之才。
3. 朗悟：天资聪敏。
4. 营综：经营综理。
5. 卜筮（shì）：古人预测吉凶，用龟甲称"卜"，用蓍草称"筮"，合称"卜筮"。
6. 差（chāi）：病好。
7. 棋博：棋，围棋。博，六博。
8. 胡书：少数民族文字。
9. 胡桃油：北朝人作画的一种材料。
10. 神明：精神和灵气。
11. 异端：古代儒家称其他持不同见解的学派为"异端"，后泛称不合正统者。

上书陈事，起自战国，逮于两汉，风流弥广[1]。原其体度：攻人主之长短，谏诤之徒也[2]；讦群臣之得失[3]，讼诉之类也；陈国家之利害，对策之伍也[4]；带私情之与夺，游说之俦也[5]。总此四涂[6]，贾诚以求位[7]，鬻言以干禄[8]。或无丝毫之益，而有不省之困，幸而感悟人主，为时所纳，初获不赀之赏[9]，终陷不测之诛，则严助、朱买臣、吾丘寿王、主父偃之类甚众[10]。良史所书，盖取其狂狷一介[11]，论政得失耳，非士君子守法度者所为也。今世所睹，怀瑾瑜而握兰桂者[12]，悉耻为之。守门诣阙，献书言计，率多空薄，高自矜夸，无经略之大体，咸秕糠之微事[13]，十条之中，一不足采，纵合时务，已漏先觉，非谓不知，但患知而不行耳。或被发奸私，面相酬证，事途回穴[14]，翻惧愆尤[15]；人主外护声教，脱加含养[16]，此乃侥幸之徒，不足与比肩也。

---

1. 风流：遗风，流风遗韵。
2. 谏诤：直言规劝，止人之失。
3. 讦（jié）：直言不讳。
4. 对策：应诏而陈政。
5. 俦（chóu）：同类。
6. 涂：道路。这里指途径。
7. 贾（gǔ）诚：出卖忠心。
8. 鬻（yù）言：凭借进言谋取利禄。
9. 不赀：不可计量。
10. 严助：西汉辞赋家。会稽人。后因与淮安王刘安谋反事有牵连，被杀。朱买臣：西汉吴县人，字翁子。武帝时，为会稽太守、主爵都尉等。后被杀。吾丘寿王：西汉赵人，字子赣。为侍中中郎，后坐事诛。主父偃：西汉临淄人，主父为复姓。任中大夫，后为齐相，以迫齐王自杀，被诛。
11. 狂狷（juàn）：指志向高远的人与拘谨自守的人。一介：耿介。
12. 瑾瑜：美玉。兰桂，香草和桂花。喻怀才抱德之士。
13. 秕糠：喻琐碎。
14. 回穴：纡曲、变化无定的意思。
15. 愆（qiān）尤：过失，罪责。
16. 脱：或许，或然。

谏诤之徒，以正人君之失尔，必在得言之地，当尽匡赞之规[1]，不容苟免偷安，垂头塞耳；至于就养有方[2]，思不出位，干非其任，斯则罪人。故《表记》云[3]：“事君，远而谏，则谄也；近而不谏，则尸利也[4]。”《论语》曰：“未信而谏，人以为谤己也[5]。”

1. 匡赞：匡正辅佐。
2. 就养：侍养。
3. 《表记》：《礼记》中的篇名。
4. 尸利：指身居官位接受俸禄而无所作为。
5. 谤：诽谤，毁谤。

君子当守道崇德，蓄价待时[1]，爵禄不登，信由天命。须求趋竞[2]，不顾羞惭，比较材能，斟量功伐[3]，厉色扬声，东怨西怒；或有劫持宰相瑕疵，而获酬谢，或有諠聒时人视听，求见发遣；以此得官，谓为才力，何异盗食致饱，窃衣取温哉！世见躁竞得官者[4]，便谓"弗索何获"；不知时运之来，不求亦至也。见静退未遇者，便谓"弗为胡成"；不知风云不与[5]，徒求无益也。凡不求而自得，求而不得者，焉可胜算乎！

1. 蓄价：蓄积声望。
2. 须求：索求。
3. 功伐：指功劳。"伐"也是"功"的意思。
4. 躁竞：急于与人比高下，争权势。
5. 风云：指人的际遇。

齐之季世[1]，多以财货托附外家[2]，諠动女谒[3]。拜守宰者[4]，印组光华[5]，车骑辉赫，荣兼九族，取贵一时。而为执政所患，随而伺察，既以利得，必以利殆，微染风尘，便乖肃正[6]，坑阱殊深，疮痏未复[7]，纵得免死，莫不破家，然后噬脐[8]，亦复何及。吾自南及北，未尝一言与时人论身分也，不能通达，亦无尤焉。

1. 齐：北齐。季世，末世。

2. 外家：指母亲和妻子的娘家。
3. 女谒：通过宫廷嬖宠女性进行干求请托。
4. 守宰：指地方长官。
5. 印组：即印绶，绶为系印的丝带。
6. 乖：背离，违背。肃正：端正。
7. 疮痏：创伤。
8. 噬脐：自咬腹脐，不可及。指后悔莫及。

王子晋云[1]："佐饔得尝[2]，佐斗得伤。"此言为善则预，为恶则去，不欲党人非义之事也[3]。凡损于物，皆无与焉。然而穷鸟入怀[4]，仁人所悯；况死士归我，当弃之乎？伍员之托渔舟[5]，季布之入广柳，孔融之藏张俭[6]，孙嵩之匿赵岐[7]，前代之所贵，而吾之所行也，以此得罪，甘心瞑目。至如郭解之代人报雠[8]，灌夫之横怒求地[9]，游侠之徒[10]，非君子之所为也。如有逆乱之行，得罪于君亲者，又不足恤焉。亲友之迫危难也，家财己力，当无所吝；若横生图计，无理请谒，非吾教也。墨翟之徒，世谓热腹，杨朱之侣[11]，世谓冷肠；肠不可冷，腹不可热，当以仁义为节文尔。

---

1. 王子晋：周灵王太子。
2. 佐饔（yōng）：协助制作菜肴。
3. 党人：结伙。
4. 穷鸟入怀：无处可栖的鸟被迫投入人的怀抱。喻处境困难而投依别人。
5. 伍员：即伍子胥。春秋时期楚国人。吴国大夫，杰出的政治家、军事家。
6. 孔融：东汉末鲁国人，建安七子之一，后为曹操所杀。张俭：山阳高平人。曾投奔孔融的哥哥孔褒，正巧孔褒不在家，孔融便自作主张收留了他。
7. 赵岐：京兆长陵人，曾因得罪当时宦官而四处逃亡，得到了孙嵩的救助。
8. 郭解：汉代游侠，后被族诛。
9. 灌夫：西汉人。为人刚正不阿，后被田蚡弹劾以不敬罪族诛。
10. 游侠：古指敢于反抗，不顾社会秩序，救人急难的人。
11. 杨朱：战国初哲学家，魏国人。他的学说重在爱己，不以物累，不拔一毛以利天下，与墨子的"兼爱"思想相对。

前在修文令曹，有山东学士与关中太史竞历[1]，凡十余人，纷纭累岁，内史牒付议官平之[2]。吾执论曰："大抵诸儒所争，四分并减分两家尔。历象之要[3]，可以晷景测之[4]；今验其分至薄蚀[5]，则四分疏而减分密。疏者则称政令有宽猛，运行致盈缩，非算之失也；密者则云日月有迟速，以术求之，预知其度[6]，无灾祥也。用疏则藏奸而不信，用密则任数而违经[7]。且议官所知，不能精于讼者，以浅裁深，安有肯服？既非格令所司[8]，幸勿当也[9]。"举曹贵贱[10]，咸以为然。有一礼官，耻为此让，苦欲留连，强加考核。机杼既薄[11]，无以测量，还复采访讼人，窥望长短，朝夕聚议，寒暑烦劳，背春涉冬，竟无予夺，怨诮滋生，赧然而退，终为内史所迫：此好名之辱也。

1. 竞历：争论历法。
2. 内史：官名，掌握民政。牒：官府公文的一种。
3. 历象：推算、观测天体的运行。
4. 晷（guǐ）景：日晷上晷表的投影。
5. 分至：春分、秋分、夏至、冬至。
6. 度：日月星辰运行的度次。
7. 任数：指顺应天数。
8. 格令：律令。
9. 当：判罪。
10. 举曹：争论的双方。
11. 机杼既薄：指有关的知识能力欠缺。机杼：胸臆。

## 止足第十三

《礼》云："欲不可纵，志不可满。"宇宙可臻其极[1]，情性不知其穷，唯在少欲知足，为立涯限尔[2]。先祖靖侯戒子侄曰[3]："汝家书生门户，世无富贵；自今仕宦不可过二千石[4]，婚姻勿贪势家。"吾终身服膺[5]，以为名言也。

1. 臻：达到。
2. 涯限：界限。
3. 靖侯：指颜之推九世祖含，字宏都，谥号“靖侯”。
4. 二千石：太守的代称。汉制，郡守俸禄为二千石。
5. 服膺：铭记在心，衷心信奉。

天地鬼神之道[1]，皆恶满盈。谦虚冲损，可以免害。人生衣趣以覆寒露[2]，食趣以塞饥乏耳。形骸之内[3]，尚不得奢靡，己身之外，而欲穷骄泰邪[4]？周穆王、秦始皇、汉武帝[5]，富有四海，贵为天子，不知纪极[6]，犹自败累，况士庶乎？常以二十口家，奴婢盛多，不可出二十人，良田十顷，堂室纔蔽风雨，车马仅代杖策，蓄财数万，以拟吉凶急速[7]，不啻此者[8]，以义散之；不至此者，勿非道求之。

1. 天地鬼神之道：即今天所谓自然法则之意。
2. 趣：通“取”。仅够的意思。
3. 形骸：人的躯体。
4. 骄泰：骄恣放纵。
5. 周穆王：西周国王。姬姓，名满。昭王之子。
6. 纪极：终极，限度。
7. 吉凶：婚丧。急速：仓卒之间发生的事。
8. 不啻：不止。

仕宦称泰[1]，不过处在中品，前望五十人，后顾五十人，足以免耻辱，无倾危也。高此者，便当罢谢，偃仰私庭[2]。吾近为黄门郎[3]，已可收退；当时羁旅，惧罹谤讟[4]，思为此计，仅未暇尔。自丧乱已来，见因托风云，徼幸富贵，旦执机权，夜填坑谷，朔欢卓、郑[5]，晦泣颜、原者[6]，非十人五人也。慎之哉！慎之哉！

1. 泰：大极；过甚。
2. 偃仰：偃息，安居。私庭：自己的家庭。
3. 黄门郎：即黄门侍郎，职官名，属门下省。东汉始设专官，其职为侍从皇帝，传达诏命。
4. 罹：被，遭受。谤讟（dú）：怨恨毁谤。
5. 卓、郑：卓氏与程郑，都是《史记·货殖列传》所记载的大商人，富比王侯。
6. 颜、原：颜回与原思，都是孔子的弟子。

## 诫兵第十四

颜氏之先，本乎邹、鲁，或分入齐，世以儒雅为业，遍在书记[1]。仲尼门徒，升堂者七十有二[2]，颜氏居八人焉[3]。秦、汉、魏、晋，下逮齐、梁，未有用兵以取达者。春秋世，颜高、颜鸣、颜息、颜羽之徒，皆一斗夫耳[4]。齐有颜涿聚[5]，赵有颜冣[6]，汉末有颜良[7]，宋有颜延之，并处将军之任，竟以颠覆。汉郎颜驷，自称好武，更无事迹。颜忠以党楚王受诛，颜俊以据武威见杀，得姓已来，无清操者，唯此二人，皆罹祸败。顷世乱离，衣冠之士，虽无身手，或聚徒众，违弃素业，徼幸战功。吾既羸薄[8]，仰惟前代[9]，故寘心于此[10]，子孙志之。孔子力翘门关[11]，不以力闻，此圣证也。吾见今世士大夫，才有气干[12]，便倚赖之，不能被甲执兵，以卫社稷；但微行险服[13]，逞弄拳腕，大则陷危亡，小则贻耻辱，遂无免者。

---

1. 书记：指书籍等书面材料。
2. 升堂："升堂入室"的简略语。泛指人的学问造诣精深。
3. 居：占。
4. 斗夫：武夫。
5. 颜涿聚：即颜庚。春秋末齐国人。
6. 颜冣：战国时赵国将领，为秦所俘。
7. 颜良：三国时袁绍大将，与曹操作战时被杀。
8. 羸薄：瘦弱。
9. 仰惟前代：想起过去时代姓颜的人以好兵致祸之事。
10. 寘（zhì）：安置。

11. 翘：同“招”，举的意思。门关：出入必经的国门、关门。
12. 气干：气血和躯体。
13. 微行险服：悄无声息地行动，穿不合礼制的服饰。

国之兴亡，兵之胜败，博学所至，幸讨论之。入帷幄之中[1]，参庙堂之上，不能为主尽规以谋社稷，君子所耻也。然而每见文士，颇读兵书[2]，微有经略。若居承平之世，睥睨宫阃[3]，幸灾乐祸，首为逆乱，诖误善良[4]；如在兵革之时，构扇反复[5]，纵横说诱，不识存亡，强相扶戴[6]：此皆陷身灭族之本也。诫之哉！诫之哉！

1. 帷幄：此指天子决策之处。
2. 颇：这里是“略微”的意思。
3. 睥睨：窥视、窥察。宫阃（kǔn）：指帝王居处的宫室。
4. 诖误：加累。
5. 构扇：挑拨煽动。
6. 扶戴：扶立拥戴。

习五兵[1]，便乘骑，正可称武夫尔。今世士大夫，但不读书，即称武夫儿，乃饭囊酒瓮也[2]。

1. 五兵：五种兵器。《周礼·夏官·司兵》：“掌五兵五盾。”郑玄注引郑司农云：“五兵者，戈、殳、戟、酋矛、夷矛也。”
2. 饭囊酒瓮：即现在俗称“酒囊饭袋”之意。瓮，一种陶制盛器。

## 养生第十五

神仙之事，未可全诬[1]；但性命在天[2]，或难钟值[3]。人生居世，触途牵絷[4]：幼少之日，既有供养之勤；成立之年，便增妻孥之累。衣食资须，公私驱役；而望遁迹山林，超然尘滓，千万不遇一尔。加以金玉之费[5]，炉器所须[6]，益非贫士所办。学如牛毛，成如麟角[7]。华山之下，白骨如莽，何有可遂之理？考之内教[8]，纵使得仙，终当有死，不能出世，不愿汝曹专精于此。若其爱养神明，调护气息，慎节起卧，均适寒暄，禁忌食饮，将饵药物，遂其所禀[9]，不为夭折者，吾无间然[10]。诸药饵法，不废世务也。庾肩吾常服槐实[11]，年七十余，目看细字，须发犹黑。邺中朝士，有单服杏仁、枸杞、黄精、术、车前得益者甚多[12]，不能一一说尔。吾尝患齿，摇动欲落，饮食热冷，皆苦疼痛。见抱朴子牢齿之法，早朝叩齿三百下为良[13]；行之数日，即便平愈，今恒持之。此辈小术，无损于事，亦可修也。凡欲饵药，陶隐居太清方中总录甚备[14]，但须精审，不可轻脱。近有王爱州在邺学服松脂，不得节度，肠塞而死，为药所误者甚多。

---

1. 诬：虚假，虚妄。
2. 性命：这里指万物的天赋和禀受。
3. 钟值：正好遇上。钟：适逢。
4. 絷：绊住。
5. 金玉之费：炼丹药时耗费的金、玉。
6. 炉器：指炼丹炉。
7. 麟角：麒麟的角，比喻珍贵稀少。
8. 内教：佛教。
9. 禀：赐予，赋予。
10. 无间然：没有什么可以非议。
11. 庾肩吾：南朝梁人，曾任度支尚书、江州刺史。槐实：槐的果实，可入药。
12. 杏仁、枸杞、黄精、术、车前：均为中药名。
13. 早朝叩齿三百下为良：出自《抱朴子·应难》："或问坚齿之道，抱朴子曰：'能养以华池，浸以醴液，清晨建齿三百过者，永不动摇。'"
14. 陶隐居：即陶弘景。

夫养生者先须虑祸，全身保性，有此生然后养之，勿徒养其无生也[1]。单豹养于内而丧外，张毅养于外而丧内[2]，前贤所戒也。嵇康着养生之论，而以傲物受刑；石崇冀服饵之征[3]，而以贪溺取祸[4]，往世之所迷也。

1. 无生：指不生存在世上。
2. “单豹”两句：典出《庄子·达生》。单豹、张毅都是鲁国人，单豹因注重调养。七十而有婴儿色。张毅注重交际，高门大户“无不走也”。庄子认为，二人皆是不善养身者，即不能达生。所以单豹遇饿虎而被老虎吃掉，张毅因奔走劳顿，则“四十而有内热之病以死”。
3. 石崇：西晋人，以富奢著称，为孙秀所杀。
4. 贪溺：贪于财货，溺于美色。

夫生不可不惜，不可苟惜[1]。涉险畏之途，干祸难之事，贪欲以伤生，谗慝而致死[2]，此君子之所惜哉；行诚孝而见贼[3]，履仁义而得罪，丧身以全家[4]，泯躯而济国[5]，君子不咎也[6]。自乱离已来，吾见名臣贤士，临难求生，终为不救，徒取窘辱，令人愤懑。侯景之乱，王公将相，多被戮辱，妃主姬妾，略无全者。唯吴郡太守张嵊[7]，建义不捷[8]，为贼所害，辞色不挠[9]；及鄱阳王世子谢夫人[10]，登屋诟怒[11]，见射而毙[12]。夫人，谢遵女也。何贤智操行若此之难？婢妾引决若此之易[13]？悲夫！

1. 苟惜：以不正当手段爱惜。
2. 慝（tè）：灾害；祸患。
3. 贼：诋毁。
4. 全：保全。
5. 泯躯：捐躯。济国：利国。
6. 咎（jiù）：责怪；怪罪。
7. 张嵊（shèng）：字四山，曾经领兵讨伐侯景，兵败被杀。
8. 建义：指发动义军讨伐侯景。
9. 辞色不挠：言辞和神色不屈服。
10. 世子：帝王及诸侯的正妻所生的长子，此指萧嗣。谢夫人：萧嗣的妻子。
11. 诟：辱骂。

12. 见：被。
13. 引决：自杀。

## 归心第十六

三世之事[1]，信而有征，家世归心[2]，勿轻慢也。其间妙旨，具诸经论[3]，不复于此，少能赞述；但惧汝曹犹未牢固，略重劝诱尔。

1. 三世：佛教以过去、未来、现在为“三世”。
2. 归心：从心里归附。这里是归心佛教之意。
3. 经论：佛教以经、律、论为“三藏”。“经”为佛所自说，“论”是经义的解释，“律”即戒规。

原夫四尘五荫[1]，剖析形有；六舟三驾[2]，运载群生：万行归空，千门入善，辩才智惠，岂徒七经[3]、百氏之博哉？明非尧、舜、周、孔所及也。内外两教，本为一体，渐极为异[4]，深浅不同。内典初门[5]，设五种禁；外典仁义礼智信[6]，皆与之符。仁者，不杀之禁也；义者，不盗之禁也；礼者，不邪之禁也；智者，不酒之禁也；信者，不妄之禁也。至如畋狩军旅，燕享刑罚[7]，因民之性，不可卒除，就为之节，使不淫滥尔[8]。归周、孔而背释宗[9]，何其迷也！

1. 四尘五荫：佛教语。四尘是指色、香、味、触；五荫是指色、受、想、行、识。
2. 六舟：佛教语。即“六度”，又叫“六到彼岸”。指使人由生死的此岸渡到涅槃的彼岸的六种法门：布施、持戒、忍辱、精进、精虑（禅定）、智慧（般若）。三驾：佛教以羊车喻声闻乘，鹿车喻缘觉乘，牛车喻菩萨乘，总称“三驾”。
3. 七经：七部儒家经典。具体指《诗》《书》《礼》《易》《乐》《春秋》《论语》。
4. 渐：指佛理。极，指儒学。渐极为异，是说中土之民与天竺之民因所处地域不同，其悟道的过程、方式也有所不同。
5. 内典：佛教徒称佛经为“内典”。
6. 外典：佛教徒称佛书以外的典籍为“外典”。

7. 燕享：同“宴飨”，帝王设宴招待群臣。
8. 淫：过分。
9. 释宗：佛教。因佛教的创始人为释迦牟尼，故称。

俗之谤者，大抵有五：其一，以世界外事及神化无方为迂诞也[1]，其二，以吉凶祸福或未报应为欺诳也，其三，以僧尼行业多不精纯为奸慝也[2]，其四，以糜费金宝减耗课役为损国也，其五，以纵有因缘如报善恶[3]，安能辛苦今日之甲，利益后世之乙乎？为异人也。今并释之于下云。

1. 迂诞：迂阔荒诞，不合事理。
2. 奸慝：指奸恶的人
3. 因缘：佛教语。梵语尼陀那。意指产生结果的直接原因及促成这种结果的条件。

释一曰：夫遥大之物，宁可度量？今人所知，莫若天地。天为积气，地为积块，日为阳精，月为阴精，星为万物之精，儒家所安也。星有坠落，乃为石矣；精若是石，不得有光，性又质重，何所系属？一星之径[1]，大者百里，一宿首尾[2]，相去数万；百里之物，数万相连，阔狭从斜，常不盈缩。又星与日月，形色同尔，但以大小为其等差；然而日月又当石也？石既牢密，乌兔焉容[3]？石在气中，岂能独运？日月星辰，若皆是气，气体轻浮，当与天合，往来环转，不得错违，其间迟疾，理宜一等；何故日月五星二十八宿[4]，各有度数，移动不均？宁当气坠，忽变为石？地既滓浊，法应沈厚，凿土得泉，乃浮水上；积水之下，复有何物？江河百谷，从何处生？东流到海，何为不溢？归塘尾闾[5]，渫何所到[6]？沃焦之石[7]，何气所然[8]？潮汐去还，谁所节度？天汉悬指[9]，那不散落？水性就下，何故上腾？天地初开，便有星宿；九州岛未划[10]，列国未分，翦疆区野，若为躔次[11]？封建已来，谁所制割？国有增减，星无进退，灾祥祸福，就中不差；乾象之大[12]，列星之伙，何为分野，止系中国？昴为旄头[13]，匈奴之次；西胡、东越[14]，雕题、交址[15]，独弃之乎？以此而求，迄无了者，岂得以人事寻常，抑必宇宙外也？

---

1. 径：直径。
2. 宿：星宿，我国古代指某些星的集合体。首尾：头和尾。
3. 乌兔：古代神话传说日中有乌，月中有兔。
4. 五星：指金、木、水、火、土五大行星。
5. 归塘：即归墟，传说为海中无底之谷。
6. 渫：泄漏。
7. 沃焦：古代传说中东海南部的大石山。
8. 然："燃"的本字。
9. 天汉：即银河。
10. 九州：传说中的我国中原上古行政区划。即为冀、兖、青、徐、扬、荆、豫、梁、雍。
11. 躔（chán）次：日月星辰运行的轨迹。
12. 乾象：天象。
13. 昴（mǎo）：星名，二十八宿之一。
14. 西胡：古代对葱岭内外西域各族的泛称。东越：古族名，古代越人的一支。
15. 雕题：指古代南方雕额纹身之部族。交址：原为古地区名，泛指五岭以南。东汉末改为交州。

凡人之信，唯耳与目；耳目之外，咸致疑焉。儒家说天，自有数义：或浑或盖[1]，乍宣乍安。斗极所周[2]，管维所属[3]，若所亲见，不容不同；若所测量，宁足依据？何故信凡人之臆说，迷大圣之妙旨[4]，而欲必无恒沙世界、微尘数劫也[5]？而邹衍亦有九州岛之谈[6]。山中人不信有鱼大如木，海上人不信有木大如鱼；汉武不信弦胶[7]，魏文不信火布[8]；胡人见锦，不信有虫食树吐丝所成；昔在江南，不信有千人毡帐，及来河北，不信有二万斛船：皆实验也[9]。

---

1. 浑：浑天。盖：盖天。宣：宣夜。以上为我国古代关于天体的三种学说。
2. 斗：北斗七星。极：北极星。

3. 管维：亦作“筦维”。斗枢，古人指天宇所据以运转的枢纽。
4. 大圣：佛家称佛或菩萨为“大圣”。
5. 恒沙：“恒河沙数”的略称。佛教语，形容数量多至无法计算。微尘：佛教语，指极细的物质。
6. 邹衍：战国时期阴阳家学派创始者与代表人物，曾著书讨论“九州”之事。
7. 弦胶：即续弦胶。古代传说西海之中有凤麟洲，仙家以凤喙及麟角合煎作胶，名之为“续弦胶”。此胶能续弓弩已断之弦，连刀剑断折之金，更以胶连续之处，使力士掣之，他处乃断，粘合之处，终无所损。
8. 火布：火烷之布。
9. 实验：实际经验。

世有祝师及诸幻术[1]，犹能履火蹈刃，种瓜移井，倏忽之间，十变五化。人力所为，尚能如此；何况神通感应，不可思量，千里宝幢[2]，百由旬座[3]，化成净土，踊出妙塔乎[4]？

1. 祝师：能祝物的巫师。
2. 宝幢（chuáng）：即经幢。刻有佛号或经咒的石柱。
3. 由旬：古印度计程单位。一由旬的长度，我国古有八十里、六十里、四十里等诸说。
4. 踊：向上升起，冒出。

释二曰：夫信谤之征，有如影响[1]；耳闻目见，其事已多，或乃精诚不深，业缘未感[2]，时傥差阑，终当获报耳。善恶之行，祸福所归。九流百氏[3]，皆同此论，岂独释典为虚妄乎？项橐、颜回之短折[4]，伯夷、原宪之冻馁[5]，盗跖、庄蹻之福寿[6]，齐景、桓魋之富强[7]，若引之先业[8]，冀以后生，更为通耳。如以行善而偶钟祸报，为恶而傥值福征[9]，便生怨尤，即为欺诡；则亦尧、舜之云虚，周、孔之不实也，又欲安所依信而立身乎？

1. 影响：影子与回声。
2. 业缘：佛教指善业生善果、恶业生恶果的因缘。谓一切众生的境遇、生死都由前世业缘所决定。
3. 九流：战国时的九个学术流派。即儒家、道家、阴阳家、法家、名家、墨家、纵横家、杂家、农家。又有小说家一派，合为十家。

4. 项橐（tuó）：春秋时期鲁国的一位神童，虽然只有七岁，孔夫子依然把他当做老师一般请教，后世尊项橐为圣公。
5. 伯夷：古代的贤者，义不食周粟，饿死在首阳山下。原宪：孔子弟子。冻馁：过分的寒冷与饥饿。
6. 盗跖(zhí)：相传是黄帝时的大盗之名，春秋时贤臣柳下惠的弟弟为天下大盗，故世人称之为“盗跖”。庄蹻：战国楚威王时将军，后为大盗。
7. 齐景：齐景公。桓魋（tuí）：任宋国主管军事行政的官——司马，是宋桓公的后代。他对孔子很不友好。
8. 业：即梵语“羯磨”。佛教谓在六道中生死轮回，是由业决定的。业包括行动、语言、思想意识三个方面，分别指身业、口业、意业。
9. 傥：同“倘”，假如。

释三曰：开辟已来[1]，不善人多而善人少，何由悉责其精洁乎[2]？见有名僧高行，弃而不说；若睹凡僧流俗，便生非毁。且学者之不勤，岂教者之为过？俗僧之学经律[3]，何异世人之学《诗》《礼》？以《诗》《礼》之教，格朝廷之人，略无全行者；以经律之禁，格出家之辈，而独责无犯哉？且阙行之臣[4]，犹求禄位；毁禁之侣，何惭供养乎[5]？其于戒行[6]，自当有犯。一披法服，已堕僧数，岁中所计，斋讲诵持[7]，比诸白衣[8]，犹不啻山海也。

---

1. 开辟已来：相传盘古开天辟地，指有天地以来。
2. 精洁：精粹纯洁。
3. 经律：佛教徒称记述佛的言论的书叫“经”，记述戒律的书叫“律”。
4. 阙行：道德修养上的过错。
5. 供养：因佛教徒不事生产，靠人提供食物，所以称为“供养”。
6. 戒行：佛教指恪守戒律的操行。
7. 斋讲：宣讲佛法的集会。诵诗：诵念经文并持守之。
8. 白衣：因佛教徒穿黑衣，所以称世俗之人为“白衣”。

释四曰：内教多途，出家自是其一法耳。若能诚孝在心，仁惠为本，须达、流水[1]，不必剃落须发；岂令罄井田而起塔庙，穷编户以为僧尼也？皆由为政不能节之，遂使非法之寺，妨民稼穑，无业之僧，空国赋算，非大觉之本旨也[2]。抑又论之：求道者，身计也；惜费者，国谋也。身计国谋，不可两遂。诚臣徇主而弃亲，孝子安家而忘国，各有行也。儒有不屈王侯高尚其事，隐有让王辞相避世山林；安可计其赋役，以为罪人？若能偕化黔首[3]，悉入道场[4]，如妙乐之世[5]，禳佉之国[6]，则有自然稻米，无尽宝藏，安求田蚕之利乎[7]？

1. 须达：为舍卫国给孤独长者的本名，是祇园精舍的施主。流水：出自《金光明经》："流水长者见涸池中有十千鱼，遂将二十大象，载皮囊，盛河水置池中，又为称祝宝胜佛名。后十年，鱼同日升忉利天，是诸天子。"此举流水长者救鱼事，以为仁惠之证。
2. 大觉：佛教语。指佛的觉悟。
3. 黔首：老百姓。
4. 道场：佛寺。
5. 妙乐：古代西印度国名。
6. 禳（ráng）佉：梵语。印度古代神话中国王名，即转轮王。
7. 田蚕：指植桑养蚕等事务，泛指农桑。

释五曰：形体虽死，精神犹存。人生在世，望于后身似不相属[1]；及其殁后，则与前身似犹老少朝夕耳。世有魂神，示现梦想，或降童妾，或感妻孥，求索饮食，征须福佑，亦为不少矣。今人贫贱疾苦，莫不怨尤前世不修功业；以此而论，安可不为之作地乎[2]？夫有子孙，自是天地间一苍生耳，何预身事？而乃爱护，遗其基址[3]，况于己之神爽[4]，顿欲弃之哉？凡夫蒙蔽，不见未来，故言彼生与今非一体耳；若有天眼[5]，鉴其念念随灭[6]，生生不断[7]，岂可不怖畏邪？又君子处世，贵能克己复礼[8]，济时益物。治家者欲一家之庆，治国者欲一国之良，仆妾臣民，与身竟何亲也，而为勤苦修德乎？亦是尧、舜、周、孔虚失愉乐耳。一人修道，济度几许苍生？免脱几身罪累？幸熟思之！汝曹若观俗计，树立门户，不弃妻子，未能出家；但当兼修戒行，留心诵读，以为来世津梁[9]。人生难得，无虚过也。

1. 后身：佛教认为人死要转生，故有“前身”“后身”之说。
2. 为之作地：为他后身留有余地。
3. 基址：建筑物的地基、基础，比喻事业的根基、根本。
4. 神爽：神魂，心神。
5. 天眼：佛教所说“五眼”之一。即天趣之眼，能透视六道、远近、上下、前后、内外及未来等。
6. 念念：指极短的时间。
7. 生生：佛教指轮回。
8. 克己复礼：约束自我，使言行合乎先王之礼。
9. 津梁：桥梁。

儒家君子，尚离庖厨[1]，见其生不忍其死，闻其声不食其肉。高柴、折像[2]，未知内教，皆能不杀，此乃仁者自然用心。含生之徒[3]，莫不爱命；去杀之事，必勉行之。好杀之人，临死报验，子孙殃祸，其数甚多，不能悉录耳，且示数条于末。

1. 庖厨：厨房。
2. 高柴：春秋时期齐文公十八世孙高柴，齐国人，孔子弟子。折像：东汉人。事见《后汉书·方术传》：“折像幼有仁心，不杀昆虫，不折萌芽。”
3. 含生：一切有生命者，多指人类。

梁世有人，常以鸡卵白和沐[1]，云使发光，每沐辄二三十枚。临死，发中但闻啾啾数千鸡雏声。

1. 鸡卵：鸡蛋。沐：洗头。

江陵刘氏，以卖鳝羹为业[1]。后生一儿头是鳝，自颈以下，方为人耳。

1. 鳝：通称“黄鳝”。

王克为永嘉郡守，有人饷羊[1]，集宾欲燕。而羊绳解，来投一客，先跪两拜，便入衣中。此客竟不言之，固无救请。须臾，宰羊为羹，先行至客。一脔入口[2]，便下皮内，周行遍体[3]，痛楚号叫；方复说之。遂作羊鸣而死。

1. 饷：赠送。
2. 脔（luán）：切成块的肉。
3. 周行：循环运行。

梁孝元在江州时，有人为望蔡县令，经刘敬躬乱[1]，县廨被焚[2]，寄寺而住。民将牛酒作礼，县令以牛系刹柱[3]，屏除形像，铺设床坐，于堂上接宾。未杀之顷，牛解，径来至阶而拜，县令大笑，命左右宰之。饮啖醉饱，便卧檐下。稍醒而觉体痒，爬搔隐疹[4]，因尔成癞[5]，十许年死。

1. 刘敬躬乱：指梁武帝大同八年，安城郡民刘敬躬造反一事。
2. 廨（xiè）：官署，旧时官吏办公处所的通称。
3. 刹柱：佛教语，指寺前的幡竿。
4. 隐疹：皮肤上起的小疙瘩。
5. 癞：恶疮，麻风。

杨思达为西阳郡守，值侯景乱，时复旱俭，饥民盗田中麦。思达遣一部曲守视，所得盗者，辄截手腕，凡戮十余人。部曲后生一男[1]，自然无手。

1. 部曲：部属，部下。

齐有一奉朝请[1]，家甚豪侈，非手杀牛，啖之不美。年三十许，病笃[2]，大见牛来，举体如被刀刺，叫呼而终。

---

1. 奉朝请：官名。古代诸侯春季朝见天子叫“朝”，秋季朝见为“请”。因称定期参加朝会为“奉朝请”。
2. 病笃：病势严重。

江陵高伟，随吾入齐，凡数年，向幽州淀中捕鱼。后病，每见群鱼啮之而死。

世有痴人，不识仁义，不知富贵并由天命。为子娶妇，恨其生资不足[1]，倚作舅姑之尊[2]，蛇虺其性，毒口加诬，不识忌讳，骂辱妇之父母，却成教妇不孝己身，不顾他恨。但怜己之子女，不爱己之儿妇。如此之人，阴纪其过[3]，鬼夺其算[4]。慎不可与为邻，何况交结乎？避之哉！

---

1. 生资：嫁妆。
2. 舅姑：丈夫的父母。
3. 阴：冥冥之中，借指鬼神。纪：同“记”，记载。
4. 算：寿命。

# 卷六　书证

## 书证第十七

《诗》云："参差荇菜[1]。"《尔雅》云："荇，接余也。"字或为莕。先儒解释皆云：水草，圆叶细茎，随水浅深。今是水悉有之，黄花似莼[2]，江南俗亦呼为猪莼，或呼为荇菜。刘芳具有注释[3]。而河北俗人多不识之，博士皆以参差者是苋菜[4]，呼人苋为人荇，亦可笑之甚。

1. 参差：长短不齐。荇（xìng）菜：多年水生草本植物。嫩时可食，也可入药。
2. 莼（chú）：水葵。
3. 刘芳：字伯文，北魏彭城人。曾撰《毛诗笺音义证》十卷。
4. 苋（xián）菜：一年生草本植物。叶有绿紫两色，花黄绿色，嫩苗可作食用。

《诗》云："谁谓荼苦[1]？"《尔雅》、《毛诗传》并以荼，苦菜也。又《礼》云："苦菜秀。案：《易统通卦验玄图》曰[2]："苦菜生于寒秋，更冬历春，得夏乃成。"今中原苦菜则如此也。一名游冬，叶似苦苣而细，摘断有白汁，花黄似菊。江南别有苦菜，叶似酸浆[3]，其花或紫或白，子大如珠，熟时或赤或黑，此菜可以释劳。案：郭璞注《尔雅》[4]，此乃蘵黄蒢也[5]。今河北谓之"龙葵"。梁世讲《礼》者，以此当苦菜；既无宿根，至春方生耳，亦大误也。又高诱注《吕氏春秋》曰[6]："荣而不实曰英[7]。"苦菜当言英，益知非龙葵也。

1. 谁谓荼苦：见《诗•邶风•谷风》。
2. 《易统通卦验玄图》：此书《隋书•经籍志》著录，未著撰人。
3. 酸浆：草名。
4. 郭璞：河东闻喜人。东晋文学家、训诂学家。

5. 藨（zhī）：藨草，叶似酸浆，花小而白，中心黄，江东以作菹食。
6. 高诱：东汉涿郡涿（今河北涿县）人。著有《吕氏春秋注》等。
7. 荣：开花。

《诗》云："有杕之杜[1]。"江南本并"木"傍施"大"[2]，《传》曰："杕，独貌也。"徐仙民音徒计反[3]。《说文》曰："杕，树貌也。"在"木"部。《韵集》音"次第"之"第"，而河北本皆为"夷狄"之"狄"，读亦如字[4]，此大误也。

1. 杕（dì）：指树木独立特出。
2. 本：书的版本。
3. 徐仙民：晋代人。曾撰《毛诗音》二卷。
4. 如字：一字有两个或两个以上读音，依本音读叫"如字"。

《诗》云："駉駉牡马[1]。"江南书皆作"牝牡"之"牡"[2]，河北本悉为"放牧"之"牧"。邺下博士见难云："《駉颂》既美僖公牧于坰野之事[3]，何限騲骘乎[4]？"余答曰："案：《毛传》云：'駉駉，良马腹干肥张也[5]。'其下又云：'诸侯六闲四种[6]：有良马，戎马，田马，驽马。'若作放牧之意，通于牝牡，则不容限在良马独得駉駉之称。良马，天子以驾玉辂[7]，诸侯以充朝聘郊祀[8]，必无騲也。《周礼•圉人职》：'良马，匹一人[9]。驽马，丽一人[10]。'圉人所养[11]，亦非騲也；颂人举其强骏者言之，于义为得也。《易》曰：'良马逐逐[12]。'《左传》云：'以其良马二。'亦精骏之称，非通语也。今以《诗传》良马，通于牧騲，恐失毛生之意[13]，且不见刘芳《义证》乎？"

1. 駉駉：马肥壮貌。亦指肥壮之马。
2. 牝牡：鸟兽的雌性和雄性。
3. 僖公：即鲁僖公，为春秋诸侯国鲁国君主之一，是鲁国第十八任君主。坰：野外。

4. 騲：母马。骘（zhì）：公马。
5. 干：人和动植物躯体的主干。肥张：肥壮的样子。
6. 六闲：周朝诸侯有六闲。闲：马厩。
7. 玉辂（lù）：古代帝王所乘之车，以玉为饰。
8. 朝聘：古代诸侯亲自或派使臣按期朝见天子。
9. 匹一人：意思是每匹良马由一个人来饲养。
10. 丽一人：意思是两匹驽马由一个人饲养。丽：偶成对。
11. 圉人：养马的人。
12. 逐逐：极速狂奔的样子。
13. 毛生：指为《诗经》作传的汉代人毛公。

《月令》云[1]："荔挺出。"郑玄注云[2]："荔挺，马薤也[3]。"《说文》云："荔，似蒲而小[4]，根可为刷。"《广雅》云："马薤，荔也。"《通俗文》亦云马蔺。《易统通卦验玄图》云："荔挺不出，则国多火灾。"蔡邕《月令章句》云："荔似挺。"高诱注《吕氏春秋》云："荔草挺出也。"然则月令注荔挺为草名，误矣。河北平泽率生之[5]。江东颇有此物，人或种于阶庭，但呼为旱蒲，故不识马薤。讲《礼》者乃以为马苋；马苋堪食，亦名豚耳，俗名马齿。江陵尝有一僧，面形上广下狭；刘缓幼子民誉，年始数岁，俊晤善体物[6]，见此僧云："面似马苋。"其伯父绦因呼为荔挺法师。绦亲讲《礼》名儒，尚误如此。

1. 《月令》：《礼记》中篇名。
2. 郑玄：东汉高密人，著名学者，曾遍注五经。
3. 马薤（xiè）：草本植物名。
4. 蒲：草本植物名。
5. 平泽：平湖，沼泽。率：皆，遍。
6. 俊晤：亦作"俊悟"。聪明卓异。

《诗》云："将其来施施[1]。"《毛传》云："施施，难进之意。"郑《笺》云："施施，舒行貌也。"《韩诗》亦重为施施[2]。河北《毛诗》皆云施施。江南旧本，悉单为施，俗遂是之，恐为少误。

---

1. 施施：徐行的样子。
2. 重为：指两个“施”字重叠而用。

《诗》云：“有渰萋萋[1]，兴云祁祁[2]。”《毛传》云：“渰，阴云貌。萋萋，云行貌。祁祁，徐貌也。”《笺》云：“古者，阴阳和，风雨时，其来祁祁然，不暴疾也。”案：渰已是阴云，何劳复云“兴云祁祁”耶？“云”当为“雨”，俗写误耳。班固《灵台诗》云：“三光宣精[3]，五行布序[4]，习习祥风，祁祁甘雨。”此其证也。

---

1. 渰（yǎn）：阴云。萋萋：云朵弥漫的样子。
2. 祁祁：舒缓的样子。
3. 三光：日、月、星。宣精：指日月星辰发光。
4. 五行：水、火、土、金、木。我国古代构成各种物质的五种元素。布序：依次展布。

《礼》云：“定犹豫，决嫌疑。[1]”《离骚》曰：“心犹豫而狐疑。”先儒未有释者。案：《尸子》曰[2]：“五尺犬为犹。”《说文》云：“陇西谓犬子为犹。”吾以为人将犬行，犬好豫在人前，待人不得，又来迎候，如此返往，至于终日，斯乃“豫”之所以为未定也，故称“犹豫”。或以《尔雅》曰：“犹如麂[3]，善登木。”犹，兽名也，既闻人声，乃豫缘木[4]，如此上下，故称“犹豫”。狐之为兽，又多猜疑，故听河冰无流水声，然后敢渡。今俗云：“狐疑，虎卜[5]。”则其义也。

---

1. 定犹豫，决嫌疑：出自《礼记·曲礼》：“决嫌疑，定犹与。”意为判断嫌疑，决定犹豫。
2. 《尸子》：书名。《隋书·经籍志》：“《尸子》二十卷，秦相卫鞅上客尸佼撰。”
3. 麂（jǐ）：一种小型鹿类动物。
4. 缘木：爬树。

5. 虎卜：卜筮的一种。传说虎能以爪画地，观奇偶以卜食，后人效之为一种卜术，称虎卜。

《左传》曰："齐侯痎[1]，遂痁[2]。"《说文》云："痎，二日一发之疟[3]。痁，有热疟也。"案：齐侯之病，本是间日一发，渐加重乎故，为诸侯忧也。今北方犹呼痎疟，音皆。而世间传本多以痎为疥[4]，杜征南亦无解释[5]，徐仙民音介，俗儒就为通云[6]："病疥，令人恶寒，变而成疟。"此臆说也。疥癣小疾，何足可论，宁有患疥转作疟乎？

---

1. 痎（jiē）：隔日发作的疟疾。
2. 痁（shān）：疟病。
3. 疟：一种急性传染病。
4. 疥（jiè）：一种皮肤病。
5. 杜征南：即杜预，位居征南大将军，爱读《左传》，自称有"左传癖"，曾为《左传》作注。
6. 俗儒：浅陋迂腐的儒士。

《尚书》曰："惟影响。"《周礼》云："土圭测影[1]，影朝影夕。"《孟子》曰："图影失形[2]。"《庄子》云："罔两问影[3]。"如此等字，皆当为光景之景。凡阴景者，因光而生，故即谓为景。《淮南子》呼为景柱，《广雅》云："晷柱挂景[4]。"并是也。至晋世葛洪《字苑》，傍始加彡，音于景反。而世间辄改治《尚书》《周礼》《庄》《孟》从葛洪字[5]，甚为失矣。

---

1. 土圭：古代用以测日影、正四时和测度土地的器具。
2. 图影：画影。
3. 罔两：影子边缘的淡薄阴影。
4. 晷柱：即晷表，日晷上测量日影的标竿。
5. 葛洪：东晋人，崇信道教，著有《抱朴子》、《字苑》等书。

太公《六韬》[1]，有天陈、地陈、人陈、云鸟之陈[2]。《论语》曰：“卫灵公问陈于孔子。”《左传》：“为鱼丽之陈[3]。”俗本多作阜傍车乘之车。案诸陈队，并作陈、郑之陈。夫行陈之义，取于陈列耳，此六书为假借也[4]，《苍》《雅》及近世字书[5]，皆无别字；唯王羲之《小学章》[6]，独阜傍作车，纵复俗行，不宜追改《六韬》《论语》《左传》也。

---

1. 《六韬》：古代兵书名。分为《文韬》《武韬》《龙韬》《虎韬》《豹韬》《犬韬》。
2. 陈：同“阵”，军队行列，战斗队形。
3. 鱼丽之陈：军阵名。
4. 六书：古人分析汉字造字的理论。即象形、指事、会意、形声、转注、假借。
5. 《苍》：即《苍颉篇》。《雅》：即《尔雅》。
6. 《小学章》：古代字书。

《诗》云：“黄鸟于飞，集于灌木[1]。”《传》云：“灌木，丛木也。”此乃《尔雅》之文，故李巡注曰[2]：“木丛生曰灌。”《尔雅》末章又云：“木族生为灌。”族亦丛聚也。所以江南诗古本皆为“丛聚”之“丛”，而古“丛”字似“最”字，近世儒生，因改为“最”，解云：“木之最高长者。”案：众家《尔雅》及解《诗》无言此者，唯周续之《毛诗注》，音为徂会反，刘昌宗《诗注》，音为在公反，又祖会反：皆为穿凿，失《尔雅》训也。

---

1. 黄鸟于飞，集于灌木：黄雀来回飞舞，栖息在丛生的灌木上。
2. 李巡：东汉汝南人，曾为《尔雅》作注。

“也”是语已及助句之辞[1]，文籍备有之矣。河北经传，悉略此字，其间字有不可得无者，至如“伯也执殳[2]”，“于旅也语[3]”，“回也屡空[4]”，“风，风也，教也”，及《诗传》云：“不戢[5]，戢也；不傩，傩也[6]。”“不多，多也。”如斯之类，傥削此文，颇成废阙[7]。《诗》言：“青青子衿。”《传》曰：“青衿，青领也，学子之服。”按：古者，斜领下连于衿[8]，故谓领为衿。孙炎、郭璞注《尔雅》，曹大家[9]注《列女传》，并云：“衿，交领也。”邺下诗本，既无“也”字，群儒因谬说云：“青衿、青领，是衣两处之名，皆以青为饰。”用释“青青”二字，其失大矣！又有俗学，闻经传中时须也字，辄以意加之，每不得所，益成可笑。

1. 语已：即语尾。助句：即语助词。
2. 殳：古代的一种兵器。
3. 旅：次序。
4. 回：即颜回。屡空：经常贫困。
5. 不戢（jí）：不检点，放纵。
6. 傩（nuó）：难。
7. 废阙：指缺漏。
8. 衿：古代衣服的交领。
9. 曹大家（gū）：即班昭。班固、班超之妹。家：通“姑”，古代对女子的尊称。

《易》有蜀才注[1]，江南学士，遂不知是何人。王俭《四部目录》[2]，不言姓名，题云：“王弼后人[3]。”谢炅、夏侯该[4]，并读数千卷书，皆疑是谯周[5]；而《李蜀书》一名《汉之书》，云：“姓范名长生，自称蜀才。”南方以晋家渡江后[6]，北间传记，皆名为伪书，不贵省读[7]，故不见也。

1. 蜀才：东京时丞相范贤的自称，曾注《周易》。
2. 王俭：南齐琅邪临沂人，字仲宝。曾任秘书丞等职。撰有《七志》《元徽四部书目》等书。
3. 王弼（bì）：三国魏山阳人，字辅嗣。曾任尚书郎。著有《道略论》，并注《易》《老子》。
4. 夏侯该：此人应为撰《汉书音》《四声韵略》的夏侯泳，为南朝梁人。
5. 谯周：三国蜀巴西西充国人，字允南。著有《法训》《五经论》《古史考》等百余篇。

6. 晋家渡江：指西晋灭亡后，司马睿在长江以南的建康（今江苏南京）建立东晋王朝。
7. 省读：阅读。

《礼•王制》云："裸股肱[1]。"郑注云："谓捋衣出其臂胫[2]。"今书皆作擐甲之擐[3]。国子博士萧该云[4]："擐当作揎，音宣，擐是穿着之名，非出臂之义。"案《字林》，萧读是，徐爰音患[5]，非也。

---

1. 裸：露出。股肱：大腿和胳膊。
2. 胫：人的小腿。
3. 擐（huàn）甲：穿上甲胄，贯甲。
4. 萧该：南朝梁鄱阳王萧恢之孙。精通《汉书》。
5. 徐爰：南朝宋开阳人，著有《礼记音》。

《汉书》："田肎贺上[1]。"江南本皆作"宵"字。沛国刘显[2]，博览经籍，偏精班《汉》[3]，梁代谓之"《汉》圣"。显子臻[4]，不坠家业。读班史，呼为"田肎"。梁元帝尝问之，答曰："此无义可求，但臣家旧本，以雌黄改'宵'为'肎'[5]。"元帝无以难之。吾至江北，见本为"肎"。

---

1. 肎（kěn）："肯"的古字。
2. 刘显：沛国相人。博涉多通，著有《汉书音》二卷。
3. 班《汉》：指班固所著的《汉书》。
4. 臻：刘臻，刘显的儿子。
5. 雌黄：用矿物雌黄制成的颜料。

《汉书•王莽赞》云："紫色蛙声，余分闰位[1]。"盖谓非玄黄之色[2]，不中律吕之音也[3]。近有学士，名问甚高，遂云："王莽非直鸢髆虎视[4]，而复紫色蛙声。”亦为误矣。

---

1. 闰位：非正统的帝位。
2. 玄黄：黑色和黄色，是正色。
3. 律吕：古代校正乐律的器具，比喻准则、标准。
4. 髆：胳膊。

简“策”字，“竹”下施“朿”，末代隶书[1]，似杞、宋之“宋”[2]，亦有“竹”下遂为“夹”者；犹如“刺”字之傍应为“朿”，今亦作“夹”。徐仙民《春秋》、《礼音》，遂以“筴”为正字[3]，以“策”为音，殊为颠倒。《史记》又作“悉”字，误而为“述”，作“妒”字，误而为“姤”[4]，裴、徐、邹皆以“悉”字音“述”[5]，以“妒”字音“姤”。既尔，则亦可以“亥”为“豕”字音，以“帝”为“虎”字音乎？

---

1. 末代：末世，指一个朝代衰亡的时期。这里指秦末。
2. 杞、宋：都是古国名。
3. 正字：字形或拼法符合标准的字，区别于异体字、错字、别字等，亦指本字。
4. 姤（gòu）：《易》卦名。六十四卦之一。
5. 裴、徐、邹：南朝宋人裴骃、徐广，梁人邹诞生。裴骃曾为《史记》作注，徐广著《史记音义》，邹诞生著《史记音》。

张揖云[1]：“虙，今伏羲氏也[2]。”孟康《汉书•古文注》亦云[3]：“虙，今伏。”而皇甫谧云[4]：“伏羲或谓之宓羲。”按诸经史纬候[5]，遂无“宓羲”之号。“虙”字从“虍”，“宓”字从“宀”，下俱为“必”，末世传写，遂误以“虙”为“宓”，而《帝王世纪》因更立名耳。何以验之？孔子弟子虙子贱为单父宰[6]，即虙羲之后，俗字亦为“宓”，或复加“山”。今兖州永昌郡城，旧单父地也，东门有子贱碑，汉世所立，乃曰：“济南伏生，即子贱之后。”是知“虙”之与“伏”，古来通字，误以为“宓”，较可知矣。

1. 张揖：魏太中博士。著有《广雅》四卷，《埤苍》三卷，《三苍训诂》三卷，《杂字》一卷，《古文字训》三卷。
2. 虙（fú）：通“伏”，姓。伏羲：古代传说中的三皇之一。风姓。相传其始画八卦，又教民渔猎，取牺牲以供庖厨，因称“庖牺”。
3. 孟康：三国时魏安平人，曾注《汉书》。
4. 皇甫谧：西晋安定朝那人，曾撰《帝王世纪》《年历》《高士》《逸士》《列女》《玄晏春秋》等书。
5. 纬候：纬书与《尚书中候》的合称，亦为纬书的通称。
6. 虙子贱：即孔子的学生宓不齐，少于孔子三十岁，孔子曾经称许他为君子，他曾为单父的地方官，政绩卓著。单父：春秋时期鲁国的邑名。

《太史公记》曰[1]：“宁为鸡口，无为牛后[2]。”此是删《战国策》耳[3]。案：延笃《战国策音义》曰[4]：“尸，鸡中之主。从，牛子。”然则，“口”当为“尸”，“后”当为“从”，俗写误也。

1. 《太史公记》：即《史记》，汉、魏、南北朝人，称司马迁《史记》为《太史公记》。
2. 宁为鸡口，无为牛后：宁居小者之首，不为大者之后。
3. 删：截取。
4. 延笃：南阳犨人，少从唐溪典、马融受业，博通经传及百家之言，能著文章。

应劭《风俗通》云[1]：“《太史公记》：‘高渐离变名易姓[2]，为人庸保[3]，匿作于宋子，久之作苦，闻其家堂上有客击筑，伎痒，不能无出言。’”案：伎痒者[4]，怀其伎而腹痒也。是以潘岳《射雉赋》亦云：“徒心烦而伎痒。”今《史记》并作“徘徊”，或作“彷徨不能无出言”，是为俗传写误耳。

1. 应劭：汉代汝南南顿人，曾为太山太守。撰有《风俗通义》三十一卷。
2. 高渐离：战国时燕国人，擅长击筑。与荆轲相友善，曾经在易水击筑为荆轲送行。秦统一天下后，他变换姓名，隐居于宋子，后刺杀秦始皇未遂，被杀。

3. 庸保：受雇充任杂役的人。

4. 伎痒：指人有所擅长，遇有机会就想要表现，如痒难忍。

太史公论英布曰[1]："祸之兴自爱姬，生于妒媢[2]，以至灭国。"又《汉书·外戚传》亦云："成结宠妾妒媢之诛[3]。"此二"媢"并当作"媢"[4]，媢亦妒也，义见《礼记》《三苍》[5]。且《五宗世家》亦云："常山宪王后妒媢[6]。"王充《论衡》云："妒夫媢妇生，则忿怒斗讼。"益知"媢"是"妒"之别名。原英布之诛为意贲赫耳[7]，不得言"媢"。

1. 英布：汉初诸侯王，六县人。曾坐法鲸面，输骊山，故又称"鲸布"。
2. 媢：逢迎取悦。
3. 成结：形成，酿成。
4. 媢：嫉妒。
5. 《三苍》：古代三部字书的合称。汉初合《苍颉篇》《爰历篇》《博学篇》为一书，统称《苍颉篇》，又称《三苍》。
6. 常山宪王：即刘舜，汉景帝之子，立为常山王，谥号为"宪"。
7. 意：怀疑。贲赫：汉人，初为淮南王中大夫，后因揭发英布谋反之事而被封为将军。

《史记·始皇本纪》："二十八年，丞相隗林[1]、丞相王绾等，议于海上[2]。"诸本皆作"山林"之"林"。开皇[3]二年五月，长安民掘得秦时铁称权[4]，旁有铜涂镌铭二所[5]。其一所曰："廿六年，皇帝尽并兼天下诸侯，黔首大安，立号为皇帝，乃诏丞相状、绾，法度量则不壹嫌疑者[6]，皆明壹之。"凡四十字。其一所曰："元年，制诏丞相斯、去疾，法度量，尽始皇帝为之，皆有刻辞焉。今袭号而刻辞不称始皇帝，其于久远也，如后嗣为之者，不称成功盛德，刻此诏，故刻左，使毋疑。"凡五十八字，一字磨灭，见有五十七字，了了分明。其书兼为古隶。余被敕写读之[7]，与内史令李德林对[8]，见此称权，今在官库；其“丞相状”字，乃为状貌之“状”，丬旁作犬；则知俗作“隗林”，非也，当为“隗状”耳。

---

1. 隗林：秦朝丞相。
2. 海上：指东海之滨。
3. 开皇：隋文帝年号。
4. 铁称权：即铁制秤锤。
5. 镌：凿，雕刻。
6. 法：通“废”，废弃。度量：用以计量长短和容积的标准。则：标准权衡器。
7. 敕：委任。写：描摹缮写。读（dòu）：语句中的停顿。
8. 对：核对，校对。

《汉书》云：“中外禔福[1]。”字当从“示”。禔，安也，音“匙匕”之“匙”，义见《苍》《雅》《方言》[2]。河北学士皆云如此。而江南书本，多误从“手”[3]，属文者对耦[4]，并为“提挈”之意[5]，恐为误也。

---

1. 禔（zhī）福：安宁幸福。
2. 《方言》：全名《輶轩使者绝代语释别国方言》，是我国第一部对方言词汇进行比较研究的专著。作者为汉代扬雄。
3. 从：聚合，归属。
4. 对耦：即对偶，是一种修辞格。
5. 提挈（qiè）：提携，牵扶。

或问：“《汉书注》：‘为元后父名禁[1]，故禁中为省中。’何故以‘省’代‘禁’？”答曰：“案：《周礼•宫正》：‘掌王宫之戒令纠禁[2]。’郑注云：‘纠，犹割也，察也。’李登云[3]：‘省，察也。’张揖云：‘省，今省詧也。’然则小井、所领二反，并得训察。其处既常有禁卫省察，故以‘省’代‘禁’。詧，古察字也。”

---

1. 元后：指汉元帝皇后。她的父亲名叫翁禁。
2. 纠：督察，督责。
3. 李登：三国时期魏人，著有《声类》十卷，是我国最早的一部韵书。

《汉·明帝纪》："为四姓小侯立学[1]。"按：桓帝加元服[2]，又赐四姓及梁、邓小侯帛，是知皆外戚也。明帝时[3]，外戚有樊氏、郭氏、阴氏、马氏为四姓。谓之小侯者，或以年小获封，故须立学耳。或以侍祠猥朝[4]，侯非列侯，故曰小侯，《礼》云："庶方小侯[5]。"则其义也。

1. 四姓：四个名门贵族姓氏的合称，指下文提到的东汉明帝时外戚樊、郭、阴、马四姓。小侯：旧时称功臣子孙或外戚子弟之封侯者，以其非列侯，故称小侯。
2. 桓帝：指汉桓帝刘志。元服：指冠。古称行冠礼为加元服。
3. 明帝：指汉明帝刘庄。
4. 侍祠：陪从祭祀，此处指侍祠侯。猥朝：即猥侯朝，汉代异姓侯的一种。
5. 庶方小侯：荒远地区的方国小侯。

《后汉书》云："鹳雀衔三鳝鱼[1]。"多假借为鳣鲔之鳣[2]；俗之学士，因谓之为鳣鱼。案：魏武《四时食制》："鳣鱼大如五斗奁[3]，长一丈。"郭璞注《尔雅》："鳣长二三丈。"安有鹳雀能胜一者，况三乎？鳣又纯灰色，无文章也[4]。鳝鱼长者不过三尺，大者不过三指，黄地黑文；故都讲云[5]："蛇鳝，卿大夫服之象也。"《续汉书》及《搜神记》亦说此事[6]，皆作"鳝"字。孙卿云："鱼鳖鳅鳣。"及《韩非》《说苑》皆曰："鳣似蛇，蚕似蠋[7]。"并作"鳣"字。假"鳣"为"鳝"，其来久矣。

1. 鹳雀：一种水鸟。
2. 鳣（zhān）："鲟鳇鱼"的古称。鲔（wěi）：一种靠吃其他品种的鱼为生的鱼。

3. 奁（lián）：女子梳妆用的镜匣，泛指精巧的小匣子。
4. 文章：错杂的色彩或花纹。
5. 都讲：古代学舍中协助博士讲经的儒生。
6. 《续汉书》：又称《后汉书》，与《史记》《汉书》《三国志》并称“前四史”，晋司马彪所撰。《搜神记》：是中国古典名著之一，也是一部公认的神怪小说，晋干宝所撰。
7. 蠋（zhú）：蝴蝶、蛾等昆虫的幼虫。

《后汉书》：“酷吏樊晔为天水郡守，凉州为之歌曰：‘宁见乳虎穴，不入冀府寺[1]。’”而江南书本“穴”皆误作“六”。学士因循，迷而不寤[2]。夫虎豹穴居，事之较者[3]；所以班超云：“不探虎穴，安得虎子？”宁当论其六七耶？

1. 冀府寺：即天水太守官署。
2. 寤：通“悟”，觉悟，了解。
3. 较：明显，显著。

《后汉书·杨由传》云：“风吹削肺。”此是削札牍之柿耳[1]。古者，书误则削之，故《左传》云“削而投之”是也。或即谓札为削，王褒《童约》曰：“书削代牍。”苏竟书云：“昔以摩研编削之才[2]。”皆其证也。《诗》云：“伐木浒浒[3]。”《毛传》云：“浒浒，柿貌也。”史家假借为肝肺字，俗本因是悉作脯腊之脯[4]，或为反哺之哺。学士因解云：“削哺，是屏障之名。”既无证据，亦为妄矣！此是风角占候耳[5]。《风角书》曰：“庶人风者[6]，拂地扬尘转削[7]。”若是屏障，何由可转也？

1. 札牍：札与牍都是古代书写用的小木片，因借指簿册。柿：削下的木片，木皮。
2. 摩研：切磋研究。编削：指编纂书籍。
3. 浒浒：伐木声。
4. 脯腊：干肉。
5. 风角：古代一种占卜方法，以五音占四方之风而定吉凶。占候：指根据天象变化预测自然界的灾难和天气变化。

6. 庶人风：指恶劣的风。

7. 转削：吹动木屑。

《三辅决录》云："前队大夫范仲公[1]，盐豉蒜果共一筒。""果"当作魏颗之"颗"[2]。北土通呼物一块，改为一颗，"蒜颗"是俗间常语耳。故陈思王《鹞雀赋》曰："头如果蒜，目似擘椒[3]。"又《道经》云："合口诵经声璅璅[4]，眼中泪出珠子颗。"其字虽异，其音与义颇同。江南但呼为蒜符，不知谓为颗。学士相承，读为"裹结"之"裹"，言盐与蒜共一苞裹，内筒中耳[5]。《正史削繁音义》又音"蒜颗"为苦戈反，皆失也。

1. 前队（suì）大夫：南阳郡太守。王莽时期改"南阳郡"为"前队"。

2. 魏颗：春秋时期晋国大臣。

3. 擘（bò）：分开，剖裂。

4. 璅璅（suǒ）：形容声音细碎。

5. 内：同"纳"，纳入。

有人访吾曰："《魏志》蒋济上书云'弊攰之民'[1]，是何字也？"余应之曰："意为攰即是(危皮)倦之(危皮)耳[2]。张揖、吕忱并云：'支傍作刀剑之刀，亦是剞字。'不知蒋氏自造支傍作筋力之力，或借剞字，终当音九伪反。"

1. 蒋济：三国时期魏人，魏明帝时为护军将军，曾多次上书反对大修宫室。

2. 攰（guì）：筋疲力尽。

《晋中兴书》[1]："太山羊曼，常颓纵任侠，饮酒诞节[2]，兖州号为'黯伯[3]'。"此字皆无音训。梁孝元帝常谓吾曰:"由来不识。唯张简宪见教[4],呼为"嚃羹"之"嚃"[5]。自尔便遵承之,亦不知所出。"简宪是湘州刺史张缵谥也,江南号为硕学。案:法盛世代殊近,当是耆老相传[6];俗间又有"黯黯"语,盖无所不施,无所不容之意也。顾野王玉篇误为"黑"傍"沓"[7]。顾虽博物,犹出简宪、孝元之下,而二人皆云重边。吾所见数本,并无作黑者。"重沓"是多饶积厚之意,从"黑"更无义旨。

---

1. 《晋中兴书》:南朝宋何法盛所撰,全书共七十八卷,记录年代起自东晋。
2. 诞节:放纵不拘。
3. 黯(tà)伯:放纵豁达的人。晋人特指羊曼。
4. 张简宪:即张缵,范阳方城人,张缅之第三弟。
5. 嚃(tà)羹:谓饮羹不加咀嚼而连菜吞下。
6. 耆(qí)老:老年人。耆:古称六十岁为耆。
7. 顾野王:南朝陈人,精通经史,著有《玉篇》三十卷。

《古乐府》歌词,先述三子,次及三妇,妇是对舅姑之称。其末章云:"丈人且安坐,调弦未遽央[1]。"古者,子妇供事舅姑,旦夕在侧,与儿女无异,故有此言。丈人亦长老之目,今世俗犹呼其祖考为先亡丈人。又疑"丈"当作"大",北间风俗,妇呼舅为大人公。"丈"之与"大",易为误耳。近代文士,颇作《三妇诗》,乃为匹嫡并耦己之群妻之意[2],又加郑、卫之辞,大雅君子,何其谬乎?

---

1. 遽:匆忙。
2. 匹嫡:缔结婚姻。耦己:成双。

《古乐府》歌百里奚词曰[1]:"百里奚,五羊皮。忆别时,烹伏雌[2],吹扊扅[3];今日富贵忘我为!""吹"当作炊煮之"炊"。案:蔡邕《月令章句》曰："键，关牡也，所以止扉，或谓之剡移。"然则当时贫困，并以门牡木作薪炊耳。《声类》作"扊"，又或作"扂"。

---

1. 百里奚：春秋时期的贤相。本为虞国大夫，晋灭虞时被俘，为秦穆公夫人陪嫁之臣。
2. 伏雌：母鸡。
3. 扊扅 (yán yí)：门闩。

《通俗文》，世间题云"河南服虔字子慎造"[1]。虔既是汉人，其叙乃引苏林、张揖；苏、张皆是魏人。且郑玄以前，全不解反语，通俗反音，甚会近俗[2]。阮孝绪又云"李虔所造"[3]。河北此书，家藏一本，遂无作李虔者。《晋中经簿》及《七志》，并无其目，竟不得知谁制。然其文义允惬[4]，实是高才。殷仲堪《常用字训》[5]，亦引服虔《俗说》，'复无此书，未知即是《通俗文》，为当有异[6]？或更有服虔乎？不能明也。

---

1. 服虔：东汉河南荥阳东北人，著有《春秋左氏传解谊》一书。
2. 会：符合，相合。
3. 阮孝绪：南朝梁人，著有《七录削繁》。
4. 允惬：妥帖，适当。
5. 殷仲堪：东晋陈郡人，曾任荆州刺史，著有《常用字训》一卷，已亡佚。
6. 为：或者，还是。

或问："《山海经》，夏禹及益所记，而有长沙、零陵、桂阳、诸暨，如此郡县不少，以为何也？"答曰："史之阙文，为日久矣；加复秦人灭学[1]，董卓焚书[2]，典籍错乱，非止于此。譬犹《本草》神农所述，而有豫章、朱崖、赵国、常山、奉高、真定、临淄、冯翊等郡县名，出诸药物；《尔雅》周公所作，而云'张仲孝友'[3]；仲尼修《春秋》，而《经》书孔丘卒[4]；《世本》左丘明所书[5]，而有燕王喜、汉高祖；

《汲冢琐语》[6]，乃载秦望碑[7]；《苍颉篇》李斯所造，而云‘汉兼天下，海内并厕，豨黥韩覆[8]，畔讨灭残’；《列仙传》刘向所造，而《赞》云“七十四人出佛经”；《列女传》亦向所造，其子歆又作《颂》[9]，终于赵悼后，而传有更始韩夫人、明德马后及梁夫人嫕：皆由后人所羼[10]，非本文也。”

---

1. 秦人灭学：指秦始皇“焚书坑儒”一事。
2. 董卓焚书：指东汉模拟董卓作乱时，烧概观阁，毁坏经典之事。
3. 张仲：西周宣王时人，在周公之后约百余年。孝友：事父母孝顺、对兄弟友爱。
4. 《经》：此处指《左传》。
5. 《世本》：书名。主要记载黄帝至春秋时（后人增补至汉）列国诸侯大夫的姓氏、世系、居、作等，已亡佚。
6. 《汲冢琐语》：西晋出土的战国中后期魏王墓“汲冢书”中的一种，因原书用战国科斗文字书写，故又称《古文琐语》。
7. 秦望碑：指秦始皇东游秦望山时所立的碑。
8. 豨（xī）：指汉人陈豨。黥：黥刑。韩：指韩信。
9. 歆：即刘歆，西汉经学家，与父亲刘向总校群书，父亲死后，刘歆为中磊校尉，继承父业，整理六经群书，编成《七略》。
10. 羼（chàn）：本义为群羊杂居，引申为错乱掺杂。

或问曰：“《东宫旧事》何以呼‘鸱尾’为‘祠尾’[1]？”答曰：“张敞者，吴人，不甚稽古[2]，随宜记注，逐乡俗讹谬[3]，造作书字耳。吴人呼‘祠祀’为‘鸱祀’，故以‘祠’代‘鸱’字；呼‘绀’为‘禁’[4]，故以‘纟’傍作‘禁’代‘绀’字；呼‘盏’为竹简反，故以‘木’傍作‘展’代‘盏’字；呼‘镬’字为‘霍’字[5]，故以‘金’傍作‘霍’代‘镬’字；又‘金’傍作‘患’为‘镮’字[6]，‘木’傍作‘鬼’为‘魁’字，‘火’傍作‘庶’为‘炙’字，‘既’下作‘毛’为‘髻’字；金花则‘金’傍作‘华’，窗扇则‘木’傍作‘扇’：诸如此类，专辄不少[7]。”

---

1. 《东宫旧事》：汉张敞所撰，共十卷。
2. 稽古：考察古事。
3. 讹谬：讹误错谬，多指文字、训读方面的。
4. 绀（gàn）：红青，微带红的黑色。
5. 镬（huò）：形如大盆，用以煮食物的铁器。
6. 镮（huán）：泛指圆圈形物。
7. 专辄：专断、专擅。

又问："《东宫旧事》'六色罽緭'[1]，是何等物？当作何音？"答曰："案：《说文》云：'莙[2]，牛藻也，读若威。'《音隐》：'坞瑰反。'即陆机所谓'聚藻，叶如蓬'者也[3]。又郭璞注《三苍》亦云：'蕴，藻之类也，细叶蓬茸生。'然今水中有此物，一节长数寸，细茸如丝，圆绕可爱，长者二三十节，犹呼为'莙'。又寸断五色丝，横着线股间绳之，以象莙草，用以饰物，即名为'莙'；于时当绁六色罽[4]，作此莙以饰绲带[5]，张敞因造'纟'旁'畏'耳，宜作'隈'。"

1. 罽（jì）：用毛做成的毡子一类的东西。
2. 莙（jūn）：一种水藻。
3. 蓬：杂乱、松散的样子。
4. 绁：栓，缚。
5. 绲（gǔn）带：以色丝织成的束带。

柏人城东北有一孤山[1]，古书无载者。唯阚骃《十三州志》以为舜纳于大麓[2]，即谓此山，其上今犹有尧祠焉；世俗或呼为宣务山，或呼为虚无山，莫知所出。赵郡士族有李穆叔、季节兄弟、李普济[3]，亦为学问，并不能定乡邑此山。余尝为赵州佐，共太原王邵读柏人城西门内碑。碑是汉桓帝时柏人县民为县令徐整所立，铭曰："山有巏嵍[4]，王乔所仙[5]。"方知此巏嵍山也。巏字遂无所出。嵍字依诸字书，即旄丘之旄也[6]；旄字，《字林》一音亡付反，今依附俗名，当音权务耳。入邺，为魏收说之，收大嘉叹[7]。值其为《赵州庄严寺碑铭》，因云：“权务之精。”即用此也。

1. 柏人城：古地名。春秋晋地，战国属赵，汉置县。
2. 阚骃：北魏敦煌人，撰有《十三州志》。
3. 李穆叔：即李公绪，他博通经史。季节：李公绪之弟李概。
4. 巏嵍（quán wù）：即尧山，在今河北隆尧西。
5. 王乔：即传说中的仙人王子乔。
6. 旄丘：前高后低的山丘。
7. 嘉叹：赞叹。

或问：“一夜何故五更？更何所训？”答曰：“汉、魏以来，谓为甲夜、乙夜、丙夜、丁夜、戊夜，又云‘鼓’，一鼓、二鼓、三鼓、四鼓、五鼓，亦云一更、二更、三更、四更、五更，皆以‘五’为节。《西都赋》亦云：‘卫以严更之署[1]。’所以尔者，假令正月建寅[2]，斗柄夕则指寅[3]，晓则指午矣；自寅至午，凡历五辰[4]。冬夏之月，虽复长短参差，然辰间辽阔，盈不过六，缩不至四，进退常在五者之间。更，历也，经也，故曰五更尔。”

1. 严更：督察巡夜的更鼓。
2. 建寅：古代以北斗星斗柄的运转计算月分，斗柄指向十二辰中的寅即为夏历正月。
3. 斗柄：北斗柄。指北斗的第五至第七星，即衡、开泰、摇光。北斗，第一至第四星象斗，第五至第七星象柄。
4. 五辰：五个时辰。

《尔雅》云：“术[1]，山蓟也[2]。”郭璞注云：“今术似蓟而生山中。”案：术叶其体似蓟，近世文士，遂读“蓟”为“筋肉”之“筋”，以耦"地骨"用之[3]，恐失其义。

1. 术（zhú）：草名。多年生草本植物，根状茎可入药。
2. 山蓟（jì）：术的别名。
3. 耦：匹敌，相对。地骨：枸杞的别名。

或问："俗名'傀儡子'为'郭秃'[1]，有故实乎[2]？"答曰："《风俗通》云：'诸郭皆讳秃。'当是前代人有姓郭而病秃者，滑稽戏调[3]，故后人为其象，呼为郭秃，犹《文康》象庾亮耳[4]。"

1. 傀儡子：即傀儡戏。
2. 故实：出处，典故。
3. 戏调：诙谐，开玩笑。
4. 《文康》：又名《礼毕》，舞乐名。舞者扮演晋代的庾亮，因为庾亮的谥号叫文康，故名《文康》。

或问曰："何故名治狱参军为'长流'乎[1]？"答曰："《帝王世纪》云：'帝少昊崩[2]，其神降于长流之山，于祀主秋。'案：《周礼·秋官》，司寇主刑罚、长流之职，汉、魏捕贼掾耳[3]。晋、宋以来，始为参军，上属司寇，故取秋帝所居为嘉名焉[4]。"

1. 长流：指治狱参军。也称长流参军，司禁防。
2. 少昊：相传少昊是黄帝之子，是远古时羲和部落的后裔，华夏部落联盟的首领，同时也是东夷族的首领。
3. 掾（yuàn）：原为佐助的意思，后为"副官佐"或"官署属员"的通称。
4. 嘉名：美名。

客有难主人曰："今之经典，子皆谓非，《说文》所言，于皆云是，然则许慎胜孔子乎？”主人拊掌大笑[1]，应之曰：“今之经典，皆孔子手迹耶？”客曰：“今之《说文》，皆许慎手迹乎？”答曰：“许慎检以六文[2]，贯以部分[3]，使不得误，误则觉之。孔子存其义而不论其文也。先儒尚得改文从意，何况书写流传耶？必如《左传》‘止戈’为‘武’，‘反正’为‘乏’，‘皿虫’为‘蛊’，‘亥’有‘二首六身’之类，后人自不得辄改也，安敢以《说文》校其是非哉？且余亦不专以说文为是也，其有援引经传，与今乖者，未之敢从。又相如《封禅书》曰：‘导一茎六穗于庖，牺双觡共抵之兽[4]。’此‘导’训‘择’，光武诏云：‘非徒有豫养导择之劳’是也。而《说文》云：‘导是禾名。’引《封禅书》为证；无妨自当有禾名导，非相如所用也。‘禾一茎六穗于庖’，岂成文乎？纵使相如天才鄙拙，强为此语；则下句当云‘麟双觡共抵之兽’，不得云‘牺’也。吾尝笑许纯儒[5]，不达文章之体，如此之流，不足凭信。大抵服其为书，隐括有条例[6]，剖析穷根源，郑玄注书，往往引以为证；若不信其说，则冥冥不知一点一画[7]，有何意焉。”

---

1. 拊掌：拍手，鼓掌。表示欢乐或愤激。
2. 检：考查，察验。六文：指六书。
3. 贯以部分：按部首分类，分别部局。贯：通。
4. 觡（gé）：有蹄兽类的骨质实心的角。
5. 纯儒：纯粹的儒者。
6. 隐括：用以矫正邪曲的器具，引申为标准，规范。
7. 冥冥：懵懂无知的样子。

世间小学者，不通古今，必依小篆，是正书记[1]；凡《尔雅》、《三苍》、《说文》，岂能悉得苍颉本指哉[2]？亦是随代损益，互有同异。西晋已往字书，何可全非？但令体例成就，不为专辄耳。考校是非，特须消息。至如“仲尼居”，三字之中，两字非体，《三苍》“尼”

旁益"丘"，《说文》"尸"下施"几"：如此之类，何由可从？古无二字，又多假借，以"中"为"仲"，以"说"为"悦"，以"召"为"邵"，以闲为闲：如此之徒，亦不劳改。自有讹谬，过成鄙俗，"乱"旁为"舌"，"揖"下无"耳"，"鼋""鼍"从"龟"，"奋"、"夺"从"雚"，"席"中加"带"，"恶"上安"西"，"鼓"外设"皮"，"凿"头生"毁"，"离"则配"禹"，"壑"乃施"豁"，"巫"混"经"旁，"皋"分"泽"片，"猎"化为"獦"[3]，"宠"变成"竉"[4]，"业"左益"片"，"灵"底着"器"，"率"字自有律音，强改为别；"单"字自有善音，辄析成异：如此之类，不可不治。吾昔初看《说文》，蚩薄世字[5]，从正则惧人不识，随俗则意嫌其非，略是不得下笔也。所见渐广，更知通变，救前之执，将欲半焉。若文章著述，犹择微相影响者行之[6]，官曹文书，世间尺牍[7]，幸不违俗也。

---

1. 是正：订正，校正。书记：书本。
2. 本指：本意。
3. 獦：指打猎、捕捉禽兽。
4. 竉：孔、洞。
5. 蚩薄：讥嘲鄙薄。
6. 微相影响：稍微近似。
7. 尺牍：书信的意思。

案：弥亘字从二间舟[1]，诗云："亘之秬秠"是也[2]。今之隶书，转"舟"为"日"；而何法盛《中兴书》乃以"舟"在"二"间为舟"航"字，谬也。《春秋说》以"人十四心"为"德"，《诗说》以"二在天下"为"酉"，《汉书》以"货泉"为"白水真人"[3]，《新论》以"金昆"为"银"[4]，《国志》以"天上有口"为"吴"[5]，《晋书》以"黄头小人"为"恭"[6]，《宋书》以"召刀"为"邵"[7]，《参同契》以"人负告"为"造"[8]：如此之例，盖数术谬语，假借依附，杂以戏笑耳。如犹转“贡”字为“项”，以“叱”为“匕”，安可用此定文字音读乎？潘、陆诸子《离合诗》《赋》，《栻卜》《破字经》[9]，及鲍昭《谜字》[10]，皆取会流俗，不足以形声论之也。

---

1. 弥亘：绵延。
2. 秬秠（jù pī）：秬是黑黍的大名，秠是黑黍中一稃二米者。
3. 白水真人：汉代钱币“货泉”的别称。
4. 金昆：指银子。
5. 《国志》：即《三国志》。
6. 黄头小人：隐语，指“恭”字。
7. 召刀：隐语，指“劭”字。
8. 《参同契》：《周易参同契》的简称，是结合了周易、炼丹术和道教气功三者的一本著作，系统论述炼丹的最早文献，流传较广，注家甚多，被称为“万古丹经王”。
9. 《离合诗》：杂体诗名，带有文字游戏性质。破字：即拆字。
10. 《谜字》：即《字谜》，鲍照所作。

河间邢芳语吾云：“《贾谊传》云：‘日中必熭[1]。’注：‘熭[2]，暴也。’曾见人解云：‘此是暴疾之意，正言日中不须臾，卒然便昃耳[2]。’此释为当乎？”吾谓邢曰：“此语本出太公《六韬》，案字书，古者‘暴晒’字与‘曓疾’字相似[3]，唯下少异，后人专辄加傍日耳。言日中时，必须曝晒，不尔者，失其时也。晋灼已有详释[4]。”芳笑服而退。

---

1. 熭（wèi）：曝晒。
2. 昃（zè）：太阳偏西。
3. 曓：“暴”的异体字。
4. 晋灼：河南人，晋尚书郎，有《汉书音义》十七卷。

# 卷七　音辞　杂艺　终制

## 音辞第十八

夫九州岛之人，言语不同，生民已来，固常然矣。自《春秋》标齐言之传[1]，《离骚》目楚词之经，此盖其较明之初也。后有扬雄著《方言》，其言大备[2]。然皆考名物之同异[3]，不显声读之是非也。逮郑玄注六经，高诱解《吕览》、《淮南》，许慎造《说文》，刘熹制《释名》[4]，始有譬况假借以证音字耳[5]。而古语与今殊别，其间轻重清浊，犹未可晓；加以内言外言、急言徐言、读若之类，益使人疑。孙叔言创《尔雅音义》，是汉末人独知反语。至于魏世，此事大行[6]。高贵乡公不解反语，以为怪异。自兹厥后，音韵锋出，各有土风，递相非笑，指马之谕[7]，未知孰是。共以帝王都邑，参校方俗，考覈古今[8]，为之折衷。搉而量之，独金陵与洛下耳。南方水土和柔，其音清举而切诣，失在浮浅，其辞多鄙俗。北方山川深厚，其音沈浊而鈋钝[9]，得其质直，其辞多古语。然冠冕君子，南方为优；闾里小人，北方为愈。易服而与之谈，南方士庶，数言可辩；隔垣而听其语[10]，北方朝野，终日难分。而南染吴、越，北杂夷虏，皆有深弊，不可具论。其谬失轻微者，则南人以“钱”为“涎”，以“石”为“射”，以“贱”为“羡”，以“是”为“舐”；北人以“庶”为“戍”，以“如”为“儒”，以“紫”为“姊”，以“洽”为“狎”。如此之例，两失甚多。至邺已来，唯见崔子约、崔瞻叔侄，李祖仁、李蔚兄弟，颇事言词，少为切正[11]。李季节着《音韵决疑》，时有错失；阳休之造《切韵》，殊为疏野。吾家儿女，虽在孩稚，便渐督正之；一言讹替[12]，以为己罪矣。云为品物，未考书记者，不敢辄名，汝曹所知也。

---

1. 齐言：齐国放言。

2. 备：完备，齐备。
3. 名物：事物的名称、特征等。
4. 刘熹：即刘熙。《释名》：训解词义的书。
5. 譬况：古代一种注音方法，用近似的事物来比照说明某个字的发音。
6. 大行：广泛流行。
7. 指马：战国时名家公孙龙提出“物莫非指，而指非指”“白马非马”等命题，讨论名与实之间的关系。后以“指马”指称争辩是非、差别。
8. 考覈（hé）：考核。
9. 鈋钝：浑厚、不尖锐。
10. 垣：矮墙。
11. 切正：切磋相正。
12. 讹替：差误。

古今言语，时俗不同；著述之人，楚、夏各异。《苍颉训诂》[1]，反“稗”为“逋卖”[2]，反“娃”为“于乖”；《战国策》音“刎”为“免”，《穆天子传》音“谏”为“间”；《说文》音“戛”为“棘”，读“皿”为“猛”；《字林》音“看”为“口甘反”，音“伸”为“辛”；《韵集》以成、仍、宏、登合成两韵，为、奇、益、石分作四章；李登《声类》以“系”音“羿”，刘昌宗《周官音》读“乘”若“承”；此例甚广，必须考校。前世反语，又多不切，徐仙民《毛诗音》反“骤”为“在遘”，《左传音》切“椽”为“徒缘”，不可依信，亦为众矣。今之学士，语亦不正；古独何人，必应随其讹僻乎[3]？《通俗文》曰：“入室求曰搜。”反为“兄侯”。然则“兄”当音“所荣反”。今北俗通行此音，亦古语之不可用者。玙璠[4]，鲁人宝玉，当音“余烦”，江南皆音“藩屏”之“藩”。“岐”山当音为“奇”，江南皆呼为“神祇”之“祇”。江陵陷没，此音被于关中，不知二者何所承案。以吾浅学，未之前闻也。

1. 《苍颉训诂》：书名。后汉杜林撰。《旧唐书·经籍志》著录。
2. 反“稗”为“逋卖”：反切“稗”字的音为“逋卖”，即用“逋”的声母和“卖”的韵母拼读出“稗”字。

3. 讹僻：讹误。

4. 玙璠：指美玉。

北人之音，多以“举”、“莒”为“矩”；唯李季节云：“齐桓公与管仲于台上谋伐莒，东郭牙望见桓公口开而不闭，故知所言者莒也。然则莒、矩必不同呼[1]。”此为知音矣。

---

1. 呼：音韵学名词。汉语音韵学家依据口、唇的形态将韵母分为开口呼、齐齿呼、合口呼、撮口呼四类，合称四呼。

夫物体自有精粗，精粗谓之好恶[1]；人心有所去取，去取谓之好恶[2]。此音见于葛洪、徐邈[3]。而河北学士读《尚书 >云好生恶杀。是为一论物体，一就人情，殊不通矣。

---

1. 好恶：好和坏的意思。

2. 好恶：喜爱和讨厌的意思。

3. 此音见于葛洪、徐邈：指第二个“好恶”的读音见于葛洪、徐邈的音韵学著作。

甫者，男子之美称，古书多假借为“父”字；北人遂无一人呼为“甫”者，亦所未喻[1]。唯管仲、范增之号[2]，须依字读耳。

---

1. 喻：知晓，明白。

2. 管仲、范增之号：管仲号仲父、范增号亚夫。

案：诸字书，焉者鸟名，或云语词[1]，皆音“于愆反”。自葛洪《要用字苑》分焉字音训：若训“何”训“安”，当音“于愆反”，“于焉逍遥”，“于焉嘉客”，“焉用佞”，“焉得仁”之类是也；若送句及助词，当音“矣愆反”，“故称龙焉”，“故称血焉”，“有民人焉”，“有社稷焉”，“托始焉尔”，“晋、郑焉依”之类是也。江南至今行此分别，昭然易晓；而河北混同一音，虽依古读，不可行于今也。

1. 语词：即“语辞”，文言虚词。

邪者，未定之词[1]。《左传》曰：“不知天之弃鲁邪？抑鲁君有罪于鬼神邪？”《庄子》云：“天邪地邪[2]？”《汉书》云：“是邪非邪[3]？”之类是也。而北人即呼为也，亦为误矣。难者曰：“《系辞》云：‘乾坤，易之门户邪？’此又为未定辞乎？”答曰：“何为不尔！上先标问，下方列德以折之耳[4]。”

1. 未定之词：即疑问词。
2. 天邪地邪：是天呢，还是地呢？
3. 是邪非邪：是对呢，还是不对呢？
4. 列德：阐明阴阳之德。折：判断。

江南学士读《左传》，口相传述，自为凡例[1]，军自败曰败，打破人军曰败。诸记传未见补败反，徐仙民读《左传》，唯一处有此音，又不言自败、败人之别，此为穿凿耳。

1. 凡例：体制、章法。

古人云：“膏粱难整。[1]”以其为骄奢自足，不能克励也[2]。吾见王侯外戚，语多不正，亦由内染贱保傅[3]，外无良师友故耳[4]。梁世有一侯，尝对元帝饮谑[5]，自陈"痴钝"，乃成"飔段"[6]，元帝答之云："飔异凉风，段非干木。"谓"郢州"为"永州"，元帝启报简文，简文云：'庚辰吴入[7]，遂成司隶。'"如此之类，举口皆然。元帝手教诸子侍读[8]，以此为诫。

1. 膏粱：精美食物。
2. 克励：刻苦自励。
3. 保傅：古代保育、教导太子等贵族子弟及未成年帝王、诸侯的男女官员，统称为保傅。
4. 友：协助，帮助。
5. 饮谑：饮酒戏谑。
6. 飔（sī）：凉风。
7. 庚辰吴入：指春秋时期吴国军队攻入楚国郢都之事。
8. 侍读：官名，职责为陪侍帝王读书论学或为皇子等授书讲学。

河北切"攻"字为"古琮"，与"工""公""功"三字不同，殊为僻也。比世有人名暹，自称为"纤"；名琨，自称为"衮"；名洸，自称为汪；名䵹，自称为"獡"[1]。非唯音韵舛错[2]，亦使其儿孙避讳纷纭矣。

1. 獡（shuò）：惊惧的样子。
2. 舛（chuǎn）错：差错、不正确。

## 杂艺第十九

真草书迹[1]，微须留意。江南谚云："尺牍书疏，千里面目也[2]。"承晋、宋余俗，相与事之[3]，故无顿狼狈者。吾幼承门业[4]，加性爱重，所见法书亦多[5]，而翫习功夫颇至，遂不能佳者，良由无分故也[6]。然而此艺不须过精。夫巧者劳而智者忧，常为人所役使，更觉为累；韦仲将遗戒，深有以也。

1. 真草：书体名，真书和草书。真书，即带有隶书痕迹的楷书。
2. 千里面目：千里之外可以看到的面目。
3. 相与：共同、一道。
4. 门业：家门素业。
5. 法书：作为法则以供学习的字。
6. 良：实在。

王逸少风流才士[1]，萧散名人[2]，举世惟知其书，翻以能自蔽也[3]。萧子云每叹曰："吾著《齐书》，勒成一典[4]，文章弘义，自谓可观；唯以笔迹得名，亦异事也。"王褒地胄清华[5]，才学优敏，后虽入关，亦被礼遇。犹以书工，崎岖碑碣之间，辛苦笔砚之役，尝悔恨曰："假使吾不知书，可不至今日邪？"以此观之，慎勿以书自命。虽然，厮猥之人[6]，以能书拔擢者多矣[7]。故道不同不相为谋也。

1. 逸少：东晋王羲之，字逸少，著名书法家。风流：杰出的。
2. 萧散：潇洒，不受拘束。
3. 翻：反而。
4. 勒：编写。
5. 地胄（zhòu）清华：门第清高显贵。地胄：地位、门第。
6. 厮猥：地位低下。
7. 拔擢（zhuó）：选拔提升。

梁氏秘阁散逸以来[1]，吾见二王真草多矣[2]，家中尝得十卷；方知陶隐居、阮交州、萧祭酒诸书，莫不得羲之之体，故是书之渊源。萧晚节所变，乃右军年少时法也[3]。

1. 秘阁：即内府，古代宫中珍藏图书之处。
2. 二王：指王羲之、王献之父子。
3. 右军：即王羲之，官至右军将军。

晋、宋以来，多能书者。故其时俗，递相染尚，所有部帙[1]，楷正可观，不无俗字，非为大损。至梁天监之间，斯风未变；大同之末，讹替滋生。萧子云改易字体，邵陵王颇行伪字[2]；朝野翕然[3]，以为楷式[4]，画虎不成，多所伤败。至为一字，唯见数点，或妄斟酌，逐便转移。尔后坟籍，略不可看。北朝丧乱之余，书迹鄙陋，加以专辄造字，猥拙甚于江南。乃以"百""念"为"忧"，"言""反"为"变"，"不""用"为"罢"，"追""来"为"归"，"更""生"为"苏"，"先""人"为"老"，如此非一，遍满经传。唯有姚元标工于楷隶[5]，留心小学，后生师之者众。洎于齐末[6]，秘书缮写，贤于往日多矣。

1. 部帙：指书籍。
2. 伪字：指不规范的字。
3. 翕然：一致。
4. 楷式：法则、典范。
5. 姚元标：北魏时人，官至左光禄大夫，以书法见称。
6. 洎（jì）：至，到。

江南闾里间有《画书赋》，乃陶隐居弟子杜道士所为[1]；其人未甚识字，轻为轨则[2]，托名贵师，世俗传信，后生颇为所误也。

1. 陶隐居：即陶弘景。善书法。下文"贵师"亦指陶隐居。
2. 轨则：准则。

画绘之工，亦为妙矣；自古名士，多或能之。吾家尝有梁元帝手画蝉雀白团扇及马图，亦难及也。武烈太子偏能写真[1]，坐上宾客，随宜点染[2]，即成数人，以问童孺，皆知姓名矣。萧贲、刘孝先、刘灵[3]，并文学已外，复佳此法。翫阅古今，特可宝爱。若官未通显，每被公私使令，亦为猥役[4]。吴县顾士端出身湘东王国侍郎，后为镇南府刑狱参军，有子曰庭，西朝中书舍人[5]，父子并有琴书之艺，尤妙丹青[6]，常被元帝所使，每怀羞恨。彭城刘岳，橐之子也，仕为骠骑府管记[7]、平氏县令，才学快士，而画绝伦。后随武陵王入蜀[8]，下牢之败[9]，遂为陆护军画支江寺壁，与诸工巧杂处。向使三贤都不晓画，直运素业[10]，岂见此耻乎？

---

1. 武烈太子：梁元帝长子，名方等，字实相。年二十二战死，谥武烈。
2. 随宜：随意的意思。
3. 萧贲：南齐竟陵王萧子良之孙，有文才，能书善画。刘孝先：南朝梁人，善写五言诗。刘灵：亦为梁人，工文，善画。
4. 猥役：杂役。
5. 西朝：指江陵。梁元帝建都于此。中书舍人：中书省属官。
6. 丹青：丹砂和青雘，为中国画中常用颜色。此泛指绘画艺术。
7. 管记：指记室，掌章表书记文檄。
8. 武陵王：即萧纪，梁武帝第八子，天监十三年封武陵王。
9. 下牢：梁朝宜州旧治，在今湖北宜昌市西北。下牢之败：指梁元帝承圣二年武陵王萧纪的叛军被陆法和击败之事。
10. 素业：清素之业，指儒业。

弧矢之利[1]，以威天下，先王所以观德择贤，亦济身之急务也。江南谓世之常射，以为兵射，冠冕儒生，多不习此；别有博射[2]，弱弓长箭，施于准的[3]，揖让升降[4]，以行礼焉。防御寇难，了无所益。乱离之后，此术遂亡。河北文士，率晓兵射，非直葛洪一箭[5]，已解追兵，三九宴集[6]，常縻荣赐[7]。虽然要轻禽，截狡兽，不愿汝辈为之。

---

1. 弧矢：弓箭。
2. 博射：我国古代一种游戏性的习射方式。

3. 准的：剑靶。
4. 揖让升降：指“博射”的礼节。
5. 直：只。
6. 三九：三公九卿。
7. 縻（mí）：得到。

卜筮者[1]，圣人之业也；但近世无复佳师，多不能中。古者，卜以决疑，今人生疑于卜；何者？守道信谋，欲行一事，卜得恶卦，反令怵怵[2]，此之谓乎！且十中六七，以为上手[3]，粗知大意，又不委曲[4]。凡射奇偶，自然半收，何足赖也。世传云：“解阴阳者，为鬼所嫉，坎壈贫穷，多不称泰。”吾观近古以来，尤精妙者，唯京房、管辂、郭璞耳[5]，皆无官位，多或罹灾，此言令人益信。傥值世网严密[6]，强负此名，便有诖误，亦祸源也。及星文风气，率不劳为之。吾尝学《六壬式》[7]，亦值世闲好匠，聚得《龙首》《金匮》《玉軨变》《玉历》十许种书，讨求无验，寻亦悔罢。凡阴阳之术，与天地俱生，亦吉凶德刑[8]，不可不信；但去圣既远，世传术书，皆出流俗，言辞鄙浅，验少妄多。至如反支不行[9]，竟以遇害；归忌寄宿[10]，不免凶终：拘而多忌，亦无益也。

---

1. 卜筮：古时预测吉凶，用龟甲称“卜”，用蓍草称“筮”，合称“卜筮”。
2. 怵怵：忧惧不安的样子。
3. 上手：上等手艺。
4. 委曲：这里是详尽的意思。
5. 京房：西汉人，字君明。善占卜。后被处死。管辂：三国时魏人，字公明。善占卜。郭璞：晋朝人。字景纯。好经术，通阴阳历算、卜筮之术。后被王敦所杀。
6. 世网：比喻社会上法律礼教、伦理道德对人的束缚。
7. 《六壬式》：《隋书·经籍志》著录《六壬式经杂占》九卷，《六壬释兆》六卷。
8. 德刑：恩泽与处罚。
9. 反支：古代术数星名之说，以反支日为禁忌之日。
10. 归忌：不宜回家的忌日。

算术亦是六艺要事[1]；自古儒士论天道，定律历者，皆学通之。然可以兼明，不可以专业。江南此学殊少，唯范阳祖暅精之[2]，位至南康太守。河北多晓此术。

1. 六艺：古代教育学生的六种科目，谓指礼、乐、射、御、书、数。
2. 祖暅（xuān）：南朝梁人，字景烁。古代著名数学家祖冲之之子。

医方之事，取妙极难，不劝汝曹以自命也。微解药性，小小和合[1]，居家得以救急，亦为胜事，皇甫谧、殷仲堪则其人也。

1. 小小：稍稍。和合：调合，这里是配药方的意思。

《礼》曰："君子无故不彻琴瑟[1]。"古来名士，多所爱好。洎于梁初，衣冠子孙，不知琴者，号有所阙[2]；大同以末，斯风顿尽。然而此乐愔愔雅致[3]，有深味哉！今世曲解[4]，虽变于古，犹足以畅神情也。唯不可令有称誉，见役勋贵，处之下坐，以取残杯冷炙之辱。戴安道犹遭之[5]，况尔曹乎！

1. 彻：撤除，撤去。
2. 阙：缺。
3. 愔愔：和悦安舒的样子。
4. 曲解：古乐府一节称"一解"，因以泛指乐曲。
5. 戴安道：即戴逵，东晋著名美术家、音乐家。武陵王司马晞，知道戴逵擅长抚琴，就让人去请他来府上表演。戴逵素来厌恶司马晞的为人，当着来人的面，摔坏了琴，表示不做"王门伶人"。

《家语》曰[1]："君子不博，为其兼行恶道故也。"《论语》云："不有博弈者乎？为之，犹贤乎已。"然则圣人不用博弈为教；但以学者不可常精，有时疲倦，则傥为之，犹胜饱食昏睡，兀然端坐耳[2]。至如吴太子以为无益，命韦昭论之；王肃、葛洪、陶侃之徒[3]，不许目观手执，此并勤笃之志也。能尔为佳。古为大博则六箸[4]，小博则二茕[5]，今无晓者。比世所行，一茕十二棋，数术浅短，不足可翫。围棋有手谈、坐隐之目[6]，颇为雅戏；但令人耽愦[7]，废丧实多，不可常也。

1. 《家语》：即《孔子家语》，魏人王肃所作伪书。
2. 兀然：无知的样子。
3. 王肃：三国时魏人。字子雍。著名经学家。葛洪：东晋道教理论家。陶侃：西晋人。曾任荆州刺史。这三个人都因珍惜时机，不许门人子弟近于博弈。
4. 博：博戏，又叫局戏，为古代一种游戏，六箸十二棋。箸：博戏时所用竹棍。
5. 茕：博戏时所用骰子。
6. 手谈、坐隐：均为下围棋的别称。
7. 耽愦：沉迷昏聩。

投壶之礼[1]，近世愈精。古者，实以小豆，为其矢之跃也。今则唯欲其骁，益多益喜，乃有倚竿、带剑、狼壶、豹尾、龙首之名[2]。其尤妙者，有莲花骁。汝南周璝，弘正之子，会稽贺徽，贺革之子，并能一箭四十余骁。贺又尝为小障，置壶其外，隔障投之，无所失也。至邺以来，亦见广宁、兰陵诸王，有此校具[3]，举国遂无投得一骁者。弹棋亦近世雅戏，消愁释愦，时可为之。

1. 投壶：古代士大夫宴饮时做的一种投掷游戏。
2. 倚竿、带剑、狼壶、豹尾、龙首：均为投壶的一种招数。
3. 校具：装饰的物品。

## 终制第二十

死者，人之常分[1]，不可免也。吾年十九，值梁家丧乱，其间与白刃为伍者[2]，亦常数辈；幸承余福，得至于今。古人云："五十不为夭。"吾已六十余，故心坦然，不以残年为念。先有风气之疾[3]，常疑奄然[4]，聊书素怀，以为汝诫。

1. 常分：定分。
2. 白刃：锋利的刀。
3. 风气：病名。
4. 奄然：奄忽。此指死亡。

先君先夫人皆未还建邺旧山，旅葬江陵东郭。承圣末，已启求扬都，欲营迁厝[1]。蒙诏赐银百两，已于扬州小郊北地烧砖，便值本朝沦没[2]，流离如此，数十年间，绝于还望。今虽混一，家道罄穷[3]，何由办此奉营资费？且扬都污毁，无复孑遗，还被下湿，未为得计。自咎自责，贯心刻髓。计吾兄弟，不当仕进；但以门衰，骨肉单弱，五服之内[4]，傍无一人，播越他乡，无复资荫[5]；使汝等沈沦厮役[6]，以为先世之耻；故腼冒人间[7]，不敢坠失[8]。兼以北方政教严切，全无隐退者故也。

1. 迁厝（cuò）：迁葬。
2. 本朝：此处指梁朝。
3. 罄穷：精光，荡然无存。
4. 五服：指近亲。
5. 资荫：凭先代的勋功或官爵而得到授官封爵。
6. 沈（chén）沦：沉沦。厮役：指干杂事的劳役。
7. 腼冒：厚颜冒昧。
8. 坠失：失去。

今年老疾侵，傥然奄忽，岂求备礼乎？一日放臂[1]，沐浴而已，不劳复魄，殓以常衣[2]。先夫人弃背之时，属世荒馑，家涂空迫，兄弟幼弱，棺器率薄，藏内无砖[3]。吾当松棺二寸，衣帽已外，一不得自随，床上唯施七星板；至如蜡弩牙、玉豚、锡人之属，并须停省，粮罂明器[4]，故不得营，碑志旒旐[5]，弥在言外。载以鳖甲车[6]，衬土而下，平地无坟；若惧拜扫不知兆域[7]，当筑一堵低墙于左右前后，随为私记耳。灵筵勿设枕几，朔望祥禫，唯下白粥清水干枣，不得有酒肉饼果之祭。亲友来餟酹者[8]，一皆拒之。汝曹若违吾心，有加先妣，则陷父不孝，在汝安乎？其内典功德，随力所至，勿刳竭生资[9]，使冻馁也。四时祭祀，周、孔所教，欲人勿死其亲，不忘孝道也。求诸内典，则无益焉。杀生为之，翻增罪累。若报罔极之德，霜露之悲，有时斋供，及七月半盂兰盆[10]，望于汝也。

1. 放臂：指人死亡。
2. 殓（liàn）：给死者穿衣入棺。
3. 藏：墓穴、坟墓。
4. 粮罂：盛粮的陶器，大肚小口，古代墓葬用为明器。
5. 旒旐（liú zhào）：指铭旌。
6. 鳖甲车：灵车。
7. 兆域：墓地四周的疆界，亦称墓地。
8. 酹（lèi）：以酒浇地，表示祭奠。
9. 刳（kū）：挖，挖空。
10. 盂兰盆：乃梵文Ullambana的音译，意为"救倒悬"，盂兰盆会又称"盂兰盆节""盂兰盆斋""盂兰盆供"，是汉语系佛教地区根据《佛说盂兰盆经》而举行的一种超度历代祖先的佛事。

孔子之葬亲也，云："古者，墓而不坟。丘东西南北之人也[1]，不可以弗识也[2]。"于是封之崇四尺[3]。然则君子应世行道[4]，亦有不守坟墓之时，况为事际所逼也[5]！吾今羁旅，身若浮云，竟未知何乡是吾葬地；唯当气绝便埋之耳。汝曹宜以传业扬名为务，不可顾恋朽壤[6]，以取堙没也[7]。

1. 东西南北之人：指到处漂泊，居无定所。
2. 识：标志，记号。
3. 封：积土为坟。
4. 应世：应付世事。行道：实践自己的主张。
5. 事际：情势。
6. 朽壤：腐土，此指坟墓。
7. 堙（yān）没：埋没。

图书在版编目（CIP）数据

唐翼明解读《颜氏家训》/ 唐翼明著. — 长沙 :湖南科学技术出版社,
2012.9
ISBN 978-7-5357-7322-7

Ⅰ. ①唐… Ⅱ. ①唐… Ⅲ. ①家庭道德—中国—南北朝时代②《颜氏家训》—研究
Ⅳ. ①B823.1

中国版本图书馆CIP数据核字(2012)第175327号

出品方] 中南出版传媒集团股份有限公司
上海浦睿文化传播有限公司
地　址] 上海市巨鹿路417号703室（邮编：200020）

# 唐翼明解读《颜氏家训》

唐翼明 / 著

出版人] 黄一九
总策划] 陈 垦　张雪松
责任编辑] 孙桂均　李 媛
装帧设计] 谢 颖

出版发行] 湖南科学技术出版社
社　址] 长沙市湘雅路276号（邮编：410008）
http://www.hnstp.com

印　刷] 长沙超峰印刷有限公司
（印装质量问题请直接与本厂联系）
厂　址] 宁乡县金洲新区泉洲北路100号（邮编：410600）
出版日期] 2012年8月第1版第1次
开　本] 710mm×992mm　1/16
印　张] 17.75
字　数] 200，000
书　号] ISBN 978-7-5357-7322-7
定　价] 32.00元

邮购联系] 本社直销科 0731-84375808